新世代
Photoshop

超
入門

はじめに

この本を手に取っていただき、誠にありがとうございます。
本書は、Adobe Photoshopの魅力的な世界への入り口となる入門書です。
Photoshopを学ぶ上で、初めに知っておきたい知識とテクニックをまとめています。

私は普段「タマケン」という名前で、Twitterやブログ、YouTubeにて
Photoshopのチュートリアルを発信しています。
その活動を通して今回、本を書かせて頂くことになりました。

本書の目的は、Photoshopの使い方をわかりやすく伝えることです。
「基本的な操作」から「実践的なテクニック」まで、順を追って丁寧に解説していきます。
テキストや画像による解説だけでなく、サンプルデータを使った実践や、
実際に動作を確認できるムービーも用意しています。

これからPhotoshopを学びたい人
一度挫折したが、もう一度Photoshopを学びたい人
すでにPhotoshopを使っているが、基本をしっかり学び直したい人
昔使っていたがブランクがある人

Photoshopを学びたい全ての人にとって、学びや気づきがある内容を心がけています。
Photoshopは、写真の編集やイラストの作成、グラフィックデザインなど、
無限の可能性を秘めたツールです。

この入門書を通じて、あなたの創造力を開花させ、
Photoshopの魔法のような能力を体験していただければ幸いです。
あなたの学びの旅が充実したものになることを願っています。

さあ、Photoshopの世界へと一歩踏み出しましょう!

2023年8月　タマケン

目次

目次

紙面の見方

タイトル
このレッスンで学ぶことです。

サンプルデータ
このレッスンで使用する練習用データの入っている
フォルダ名です。詳細はP.010をご確認ください。

レッスン番号

MISSION
04/03

[長方形選択ツール]の操作とレイヤーマスクを学ぶ
画像の一部だけを表示させよう

[長方形選択ツール]と「レイヤーマスク」を使って、画像の一部分だけを
表示させる方法を学びます。額縁の中の絵だけを表示させてみましょう。

Before/After
このレッスンで学
ぶ内容のBefore/
Afterです。

Before

After

all YOU NEED IS
LOVE
a good cup of
COFFEE

SAMPLE DATA
4-3

選択ツールとレイヤーマスクは
セットで使うことが多いです。
まずは基本の使い方をマスターしましょう。

**解説動画の
QRコード**
このレッスンの解
説動画が視聴でき
るサイトにアクセ
スできます。

選択範囲を作る

1 練習用データ「**4_3.psd**」を開いてください。

❶[**長方形選択ツール**]を選択し
ます。

❷ドラッグで額縁の中の絵を選択します。

補足説明
操作解説の補足説
明です。

拡大表示すると選択しやすくなります。
ドラッグし直すと、選択範囲を作り直せます。
選択範囲外をクリックすると選択が解除され
てしまうので注意してください。

②

all YOU NEED IS
LOVE
a good cup of
COFFEE

098

操作解説
操作の手順解説です。文章中の赤丸数字は図版上
の数字とリンクしています。

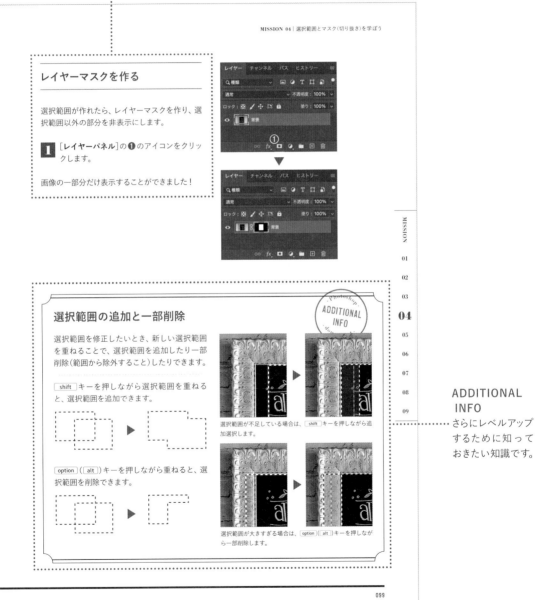

MISSION 04 | 選択範囲とマスク（切り抜き）を学ぼう

レイヤーマスクを作る

選択範囲が作れたら、レイヤーマスクを作り、選
択範囲以外の部分を非表示にします。

1 ［**レイヤーパネル**］の❶のアイコンをクリッ
クします。

画像の一部分だけ表示することができました！

選択範囲の追加と一部削除

選択範囲を修正したいとき、新しい選択範囲
を重ねることで、選択範囲を追加したり一部
削除（範囲から除外すること）したりできます。

shift キーを押しながら選択範囲を重ねる
と、選択範囲を追加できます。

選択範囲が不足している場合は、shift キーを押しながら追
加選択します。

option （ alt ）キーを押しながら重ねると、選
択範囲を削除できます。

選択範囲が大きすぎる場合は、option （ alt ）キーを押しなが
ら一部削除します。

MISSION
01
02
03
04
05
06
07
08
09

ADDITIONAL
INFO
さらにレベルアップ
するために知って
おきたい知識です。

099

本書について

【 Photoshopのバージョンについて 】

本書はMac版、Windows版のPhotoshop 2023に対応しています。 紙面での解説はMac版 Photoshop 2023が基本となっています。Photoshopはバージョンアップが随時行われるため、他 バージョンの場合はツール名・メニュー名などが異なる場合があります。また、一部の機能は古い バージョンでは使用できません。あらかじめご注意ください。

【 Windowsをお使いの方へ 】

本書ではキーを併用する操作やキーボードショートカットについて、Macのキーを基本に表記してい ます。Windowsでの操作の場合は、次のように読み替えてください。

option ➡ alt | ⌘ ➡ ctrl | 副ボタンクリック ➡ 右クリック

練習用データについて

本書のレッスンで使用している練習用データは以下のWebサイトからダウンロードすることができます。 ダウンロードした練習用データは圧縮していますので展開してからご使用ください。

https://www.socym.co.jp/book/1411

■ 練習用データご使用の際の注意事項

・練習用データはデータ容量が大きいため、ダウンロードに時間がかかる場合があります。低速または不安定なインターネット環境で は正しくダウンロードできない場合もありますので、安定したインターネット環境でダウンロードを行ってください。

・練習用データをダウンロードする際、十分な空き容量をパソコンに確保してください。空き容量が不足している場合はダウンロードで きません。

・練習用データはZIP形式に圧縮していますので、ダウンロード後、展開してください。

・練習用データはPSD形式で保存されているため、Photoshopがインストールされていないパソコンでは開くことができません。

・練習用データを開く際にプロファイルを確認する画面が表示される場合があります。この場合は「作業用…」を選択して進めてください。

■ 練習用データで使用しているフォントについて

一部の練習用データにはフォントを使用しています。使用しているフォントはAdobe Fontsで提供されているもの(2023年8月現在)で すので、アクティベートしてご使用ください。なお、Adobe Fontsで提供されるフォントは変更される場合があります。もしフォントが見 つからない場合は、他のフォントに置き換えて作業を行ってください。

■ 練習用データの使用許諾について

ダウンロードで提供している練習用データは、本書をお買い上げくださった方がPhotoshopを学ぶためのものであり、フリーウェア ではありません。Photoshopの学習以外の目的でのデータ使用、コピー、配布は固く禁じます。なお、データの使用によって、いかな る損害が生じても、ソシム株式会社および著者は責任を負いかねます。あらかじめご了承ください。せん。他の目的でのデータ使用、 コピー、配布は固く禁じます。

MISSION
/01

–

Photoshopについて

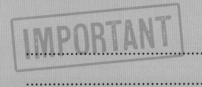

Photoshopとは

Photoshopは、Adobe社が開発する画像編集ソフトウェアで、
世界で最も有名な画像編集ソフトです。
写真や画像を加工したり、合成したりすることができます。

Photoshopは、プロフェッショナルな
画像編集を行う際には欠かせないツールです。

Photoshopは
画像の加工・編集ができるソフト

Photoshopは、写真や画像を加工したり、合成
したりできます。画像加工を用いたデザインや、
Webサイト、印刷物などに向けた画像制作に幅
広く使われています。
現在は月額料金を払うことで、常に最新バー
ジョンが利用できるサブスク型のサービスとし
て提供されています。

難しいイメージがあるかもしれませんが、SNS
投稿用の画像を作ったり、自分で撮った写真を
加工したりと、プロアマ問わず気軽に使うこと
ができます。
2016年から「アドビ・センセイ（Adobe
Sensei）」というAIが搭載され、難しい補正や加
工が誰でも簡単に行えるようになってきました。

Photoshopは多くの機能を備えていますが、初
めからすべての機能を覚えて使いこなす必要は
ありません。
自分の作りたいものや目的に合わせて、よく使
う機能から徐々に覚えていきましょう。

MISSION 01/02 Photoshopでできること

Photoshopは写真を見栄え良くするだけではなく、
合成や切り抜き、文字の装飾やブラシによる装飾をすることができます。

ここでは本書を通して学べる内容を、
一部ピックアップして紹介しましょう。

画像加工の基本〔色補正〕

画像加工の基本となる色補正は、明るさ、コント
ラスト、カラーバランスの補正、2階調化、ポス
タリゼーションなどの、階調数の補正です。

明るさを補正する
P.064

 ▶

背景色を変える
P.074

 ▶

画像加工の実践

Photoshopでは、画像加工の基本となる色補正の他に、画像の一部分だけの加工、複数の画像の合成、フィルターなどを使った変形などさまざまな加工ができます。

背景を別画像にする
P.104

複数の画像を合成する
P.160

人物の顔を補正する
P.212

文字入力やイラストの描画

画像加工だけでなく、文字入力、入力した文字
を使った加工、イラストの描画もできます。

文字を装飾する
P.137

写真に落書きする
P.149

サムネ画像やポスターの制作

画像の加工、切り抜きなどの操作、文字やイラ
ストを組み合わせて、目的に合わせたさまざま
な画像を作成できます。

サムネ画像を作る
P.222

映画ポスターを作る
P.230

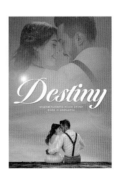

レイヤーとIllustratorとの違い

Photoshopの特徴を知ろう

Photoshopでは「レイヤー」と呼ばれる透明フィルムのようなものを複数重ねて、
画像の編集や加工を行います。
ここでは、レイヤーの基本とグラフィックソフト「Illustrator」との違いを解説します。

> PhotoshopとIllustratorはどちらも
> 「グラフィックソフト」だけど、
> できることや向いている作業が異なるんだよ。

Photoshopの特徴「レイヤー」

レイヤーの仕組み

レイヤーは、透明なフィルムのようなものです。
画像や文字、図形などのオブジェクトを、個別
のフィルムに配置し、すべてを重ねることで1枚
の画像として表現します。

他のレイヤーに影響を与えることなく、レイヤー
を追加したり、削除したり、並べ替えたりするこ
とができます。レイヤーを使うことで、画像をよ
り効率的に編集することができます。

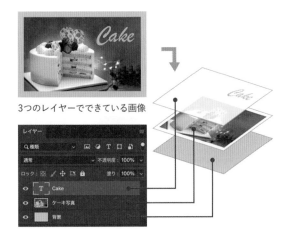

3つのレイヤーでできている画像

レイヤーの重ね順

レイヤーは重なる順番が大事です。
右図のように文字と写真の重なり順を入れ替え、
文字の上に写真がくると、文字が画像に隠れて
表示されなくなります。

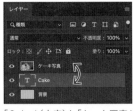
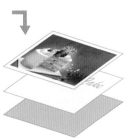

「Cake」(文字)と「ケーキ写真」
の重ね順を入れ替えます。

Photoshopと
Illustratorとの違い

Adobe社の製品に「Illustrator（イラストレーター）」という、グラフィックデザインやイラストを制作するためのソフトがあります。
デザインの現場では、PhotoshopとIllustratorどちらもよく使われているソフトです。
ここではPhotoshopとIllustratorの違いや、それぞれの特徴を説明します。

	Photoshop	Illustrator
特徴	ビットマップ画像と呼ばれる、複数のドット（ピクセル）で画像を表現するソフトです。写真のような繊細な色を表現できるのが特徴です。 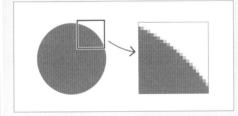	ベクター画像と呼ばれる、円や直線のような「図形」の集まりとして画像を表現するソフトです。拡大しても画像が粗くならないのが特徴です。 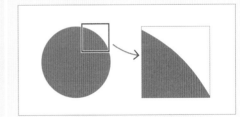
できること	画像の切り抜き、合成、加工、色や明るさの補正、透明度や筆圧を表現したブラシによる描画など。 	図形と文字と組み合わせる、文字を変形させる、3Dイラスト制作、フラットなイラスト制作など。 
向いている制作物	画像の加工、合成、バナー、Webサイト、レタッチなど。	ロゴ、アイコン、作字、図形、チラシやポスターなどの印刷物、イラストなど。
使う職業例	Webデザイナー、写真家、グラフィックデザイナー、水彩画や油絵のように重ね塗りをするイラストレーター、レタッチャーなど。	グラフィックデザイナー、DTPデザイナー、フラットな表現をするイラストレーター、ロゴデザイナーなど。

デジタル画像の基本を学ぼう

Photoshopはビットマップ画像と呼ばれる、
ドット絵のような小さな四角形（ピクセル）の集まりで画像を表現するソフトです。
画像加工をする上で知っておきたいビットマップ画像の基本を学びましょう。

Photoshopでは主にビットマップ画像を
扱います。ちなみにIllustratorでは主に
ベクター画像を扱います。

ビットマップ画像とは

ビットマップ画像は、多数の正方形（ピクセル）
で画像を表現しています。
画像を構成するピクセル1つ1つには、色や明る
さが割り当てられています。色のついた小さな
タイルがたくさん並んでいるイメージです。

ビットマップ画像は、写真やスキャンしたイラス
トなど、解像度が高い画像を表現するのに適し
ています。

ピクセル

画像を拡大すると、ピクセルが大きく見える
ようになり、画像がぼやけることがあります。

解像度とは

解像度とは、画像内の「ピクセルの密度」のこと
です。長さ1インチ（2.54cm）の中に、ピクセルが
いくつ並んでいるかを「dpi」という単位で表し
ています。

解像度を高くするほど、ピクセルの密度が濃く
なり、画像を綺麗に表示することができます。

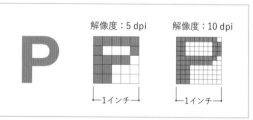

解像度：5 dpi　　解像度：10 dpi

└─1インチ─┘　└─1インチ─┘

解像度を高くしすぎると、その分データも重
くなってしまいます。作業時にパソコンの動
作も重くなってしまうので注意しましょう。

解像度を変えるには

解像度の指定は新規ファイルを作るときにできますが、途中で解像度を変えたいケースがあります。この場合は、次の方法で実行します。

1 ❶メニューの[**イメージ**]➡[**画像解像度**]をクリックします。

2 ❷[**画像解像度**]画面が表示されます。ここで解像度を変えます。

画像のピクセル数を変えて解像度を変える

3 画像のピクセル数を増やす場合は、❸[**再サンプル**]にチェックを入れます。

❹[**解像度**]に変更後の解像度を入力し、[**OK**]をクリックします。

ピクセル数が多くなるとデータサイズも大きくなります。[幅]や[高さ]を変えなければ、解像度を大きくしても印刷する際のサイズは変わりません。

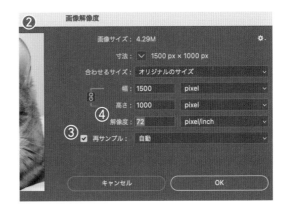

ピクセル数を増やす場合、足りないピクセルはPhotoshopが自動で補ってくれます。

画像のピクセル数を変えずに解像度を変える

4 画像のピクセル数を変えない場合は、❸[**再サンプル**]のチェックを外します。

❹[**解像度**]に変更後の解像度を入力し、[**OK**]をクリックします。

[再サンプル]のチェックを外すと、ピクセル数とデータサイズは変わらず、印刷する際のサイズだけが小さくなります。

カラーモードについて学ぼう

Photoshopでは、「カラーモード」と呼ばれる「色の表現方法」を選択することができます。
この中でデザインの現場でよく使われるのは、「RGBモード」と「CMYKモード」です。
ここでは、「RGBモード」と「CMYKモード」について学びましょう。

通常カラーモードを意識する必要はありませんが、
商業印刷のためのデータを作る場合は、
カラーモードの変換が必要です。

カラーモードとは

「カラーモード」は、色の表現方法です。

Photoshopで扱えるカラーモードは、全部で8
つあります。この中でデザインの現場でよく使
われているのは「RGBモード」と「CMYKモード」
です。

> **主なカラーモード**
> ● RGBモード（数百万の色を再現できる）
> ● CMYKモード（4色刷り、商業印刷向け）
> ● インデックスモード（256色で表現）
> ● グレースケールモード（256階調のグレートーン）
> ● ビットマップモード（白と黒の2色）

デジタル画像を作るときは「RGBモード」、印
刷物を作るときは「CMYKモード」と覚えま
しょう。

RGBモードとは

「RGBモード」は、デジタル画像やWeb画像を表
示するために使うカラーモードです。

赤（Red）、緑（Green）、青（Blue）の3つの光を
組み合わせることで、さまざまな色（光）を表現
します。
混ぜれば混ぜるほど明るい色（光）に変化して白
に近づくため、「加法混色」や「加法混合」とも呼
ばれています。

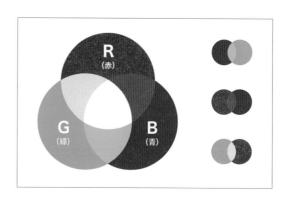

CMYKモードとは

「CMYKモード」は、印刷物を制作する際に使われるカラーモードです。

商業カラー印刷と同様に、シアン、マゼンタ、イエロー、ブラックの4色の割合を変化させることで、さまざまな色を表現します。
混ぜれば混ぜるほど暗い色に変化し黒に近づくため、「減法混色」や「減法混合」とも呼ばれます。

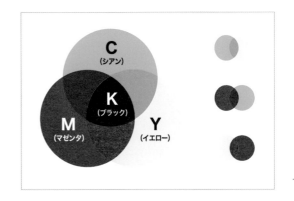

カラーモードを変えるには

カラーモードは、新規ファイルを作るときに選択できますが、途中でカラーモードを変えたいケースがあります。この場合は、次の方法で実行します。

1 ❶メニューの[**イメージ**]➡[**モード**]から、変更後のカラーモード名をクリックします。

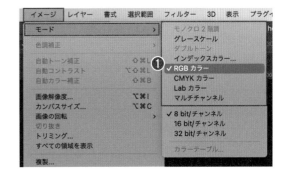

最終的に印刷することが目的の画像でも、写真の補正・加工は「RGBモード」で行い、最終的に「CMYKモード」に変換するのが一般的です。
家庭用プリンターでプリントする場合は、「RGBモード」のままプリントします。

RGBモードで作った画像をCMYKモードに変換せずに印刷すると、想定していない「くすんだ色」になることがあるので注意してください。

MISSION
/02

—

基本操作を学ぼう

Photoshopの起動方法

MISSION 02 / 01

Photoshopを起動して、操作できる状態にしましょう。
Photoshopを起動すると、画像を開いて加工編集できるようになります。

> Photoshopを操作できる状態にすることを、
> 「**起動する**」と呼びます。

Macで起動

1 ファインダー上部のメニューから❶[**移動**]
をクリックし、続けて❷[**アプリケーション**]をクリックします。

> 「メニューから[移動]をクリックし、続けて[アプリケーション]をクリック」という操作を、以降「メニューの[移動]➡[アプリケーション]をクリック」と表記します。

2 ❸[**アプリケーション**]ウィンドウが開きます。❹「Adobe Photoshop 2023」フォルダをクリックし、その中にある❺「**Adobe Photoshop 2023**」をダブルクリックすると、Photoshopが起動します。

> バージョンを更新するとアプリケーションの名前も変わります。

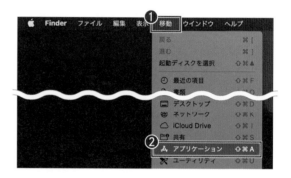

> ❻アプリケーションのアイコンをDockまでドラッグすると、Dockに追加できます。次回以降、Dockのアイコンのクリックで起動できるのでオススメです。

Windowsで起動

Windows 11で起動する方法を紹介します。

1 タスクバーの❶[**スタート**]ボタンをクリックし、❷[**すべてのアプリ**]をクリックします。

2 ❸[**Adobe Photoshop 2023**]をクリックすると、Photoshopが起動します。

> バージョンを更新するとアプリケーションの名前も変わります。

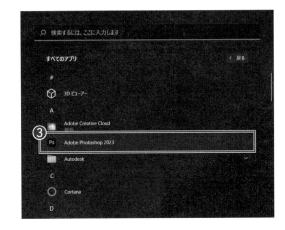

Photoshopを起動すると、❹タスクバーにPhotoshopのアイコン（PSアイコン）が表示されます。アイコンを右クリックし、❺[**タスクバーにピン留めする**]をクリックしておくとタスクバーにPSアイコンが常に表示されます。次回以降、タスクバーのアイコンのクリックで起動できるのでオススメです。

MISSION 02/**02** | Photoshopの始め方

Photoshopには、大きく分けて2種類の始め方があります。
サイズや解像度を自分で決めて新規ファイルを作って始める方法と、
画像データなど既存ファイルをそのまま開く方法です。

ここでは、「**新規ファイルの作り方**」と
「**既存ファイルの開き方**」を覚えましょう。

新規ファイルの作り方

1 Photoshopを起動すると、❶スタート画面が表示されます。新規ファイルを作る場合は❷[**新規作成**]をクリックします。

何度か使っている場合は、❸[最近使用したもの]が一覧で表示されます。

「新規ドキュメント」ウィンドウが開きます。ここでどのようなファイルを作るか、サイズや解像度などを設定します。

2 画面右側にある❹[**プリセットの詳細**]で、❺[**名称**]、❻[**幅・高さのサイズと単位**]、❼[**解像度**]、❽[**カラーモード**]の4項目を設定しましょう。
❾[**作成**]をクリックすると新規ファイルが作られます。

ここで設定した項目は、後から変えることもできます。

カテゴリからプリセットを選ぶ方法

あらかじめサイズや解像度が設定されている
プリセットを使って始めることもできます。
例えば、❶[印刷]カテゴリをクリックすると、
❸よく使われる[A4]や[A3]のサイズに合わ
せたプリセットが表示されます。
目的に合わせて❷カテゴリを選び、プリセッ
トを選択しましょう。
プリセットの下には、❹カテゴリに応じたテ
ンプレートが用意されています。ここから目
的に合ったテンプレートをダウンロードし、そ
のまま編集することもできます。

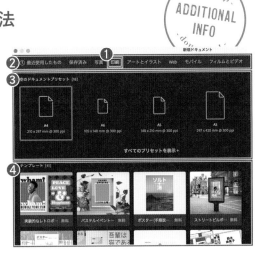

既存ファイルの開き方

1 スタート画面の❶[開く]をクリックしま
す。❷ファイルを選択するウィンドウが開
くので、開きたいファイルを選択して開き
ます。

Photoshopでは、一般的な画像ファイル(JPG、
PNG、GIFなど)や、Photoshopの編集ファイル(PSD)
を選択して開くことができます。

PSD形式のファイルは、そのファイルのアイ
コンをダブルクリックしても開くことができ
ます。Macでは、Photoshopのアイコンまで
ドラッグして開くこともできます。

MISSION 02/03 | ワークスペースの説明

Photoshopの画面全体のことを「ワークスペース」と呼びます。

Photoshopには非常にたくさんの機能がありますが、

それらはワークスペースの中でエリアごとにジャンル分けされています。

> まずは「どこに何があるのか」を、
> ザックリでいいので覚えておきましょう。

ワークスペースの構成

ワークスペースがエリアごとにジャンル分けさ
れていることを理解しましょう。

※ワークスペース内に表示するパネルなどは自由に変えられます。上図は本書の設定（P.034）を行ったあとのワークスペースです。

❶メニューバー

[**ファイル**][**編集**][**イメージ**]などと、作業の
目的に合わせてメニューが分けられており、
Photoshopを開いているときは、常に一番上に
表示されています。

例えば❶メニューの[**イメージ**]をクリックする
と、❷画像の色補正に関する細かいメニューが
表示されます。

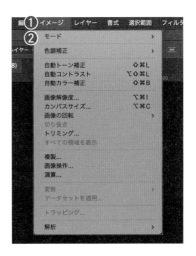

「探してるメニューが見つからない…」という
ときは、❸メニューの[**ヘルプ**]をクリックし、
[**検索窓**]にキーワードを入力するとどこにあ
るか教えてくれます。

Windowsでは、[ヘルプ]メニューの[Photoshopヘルプ]をクリッ
クし、表示されたウィンドウの[検索窓]にキーワードを入力します。

❷ツールパネル

画像を移動させたり編集したりするためのツー
ルが、すべて集まっているパネルです。
ツールはすべてアイコンで表示されており、作
業の目的に合わせてツールを切り替えて操作し
ます。

例えば横書き文字を入力したい場合は、[**横書
き文字ツール**]を、画面をズームしたい場合は
[**ズームツール**]をクリックして選択し、操作し
ます。

ツールパネルの各アイコンとツール名については、
P.032を参照してください。

アイコン右下に❶三角マーク（◢）がついて
いるツールを長押しすると、関連する複数の
ツールが表示されます。

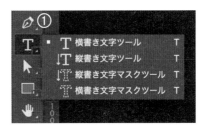

❸オプションバー

ツールパネルで選択しているツールの、詳細な
設定が行えるエリアです。

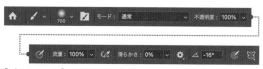

［ブラシツール］を選択している場合のオプションバー

例えばツールパネルで［**ブラシツール**］を選択し
ている場合、ブラシのサイズや不透明度を設定
することができます。

 ❶メニューの［**ウィンドウ**］➡［**オプション**］を
クリックすると、オプションバーの表示／非
表示を切り替えることができます。表示され
てない！と思ったら確認してみてください。

❹ドキュメントウィンドウ

作業している画像（アートボード）が表示される
エリアです。

❶左上には、ファイル名が記載された「**タブ**」が
あります。複数のファイルを開いている場合、こ
のタブが右に増えていきます。
タブをクリックすることで、簡単にファイルを行
き来することができます。

 ❷アートボード外のドキュメントウィンドウ
で右クリック（副ボタンのクリック）するとメ
ニューが表示され、背景色を変えることがで
きます。

❺カンバス

実際に画像の編集を行うエリアです。
この中にある要素のみが画面に表示されます。
書き出しや印刷はこのエリアが対象になります。

❻パネル、パネルドック

パネルとは、レイヤー、文字、カラーなど、さまざまな設定・調整が行える小さなウィンドウのことです。パネルが集まるエリアをパネルドックと呼びます。

パネルの配置、表示／非表示は自由にカスタマイズすることが可能です。

❶パネル名（タブ）を移動したい位置までドラッグすることで、並び替えたり、ドックから切り離したりできます。

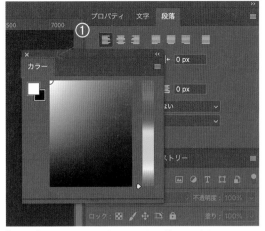

［カラー］パネルをパネルドックから切り離しています。

パネルは、メニューの［**ウィンドウ**］からパネル名をクリックすることで、表示／非表示を切り替えられます。

パネルの構成

❶パネル名
パネルの名前が表示されます。

❷パネルメニュー
パネルで実行できるメニューと、パネルの設定が表示されます。

❸パネルの内容
パネルの種類によって、異なった内容が表示されます。

❹パネルの操作ボタン
パネルによっては表示されないものもあります。

［レイヤー］パネルの例。

ツールの種類

ツールパネルにあるツールを確認してみましょう。

移動ツール V
アートボードツール V

切り抜きとスライス関連ツール
- 切り抜きツール C
- 遠近法の切り抜きツール C
- スライスツール C
- スライス選択ツール C
- フレームツール

測定関連ツール
- スポイトツール I
- 3D マテリアルスポイトツール I
- カラーサンプラーツール I
- ものさしツール I
- 注釈ツール I
- 1₂³ カウントツール I

ベクトル描画・テキスト関連ツール
- ペンツール P
- フリーフォームペンツール P
- コンテンツに応じたトレースツール P
- 曲線ペンツール P
- アンカーポイントの追加ツール
- アンカーポイントの削除ツール
- アンカーポイントの切り替えツール
- 横書き文字ツール T
- 縦書き文字ツール T
- 縦書き文字マスクツール T
- 横書き文字マスクツール T
- パスコンポーネント選択ツール A
- パス選択ツール A
- 長方形ツール U
- 楕円形ツール U
- 三角形ツール U
- 多角形ツール U
- ラインツール U
- カスタムシェイプツール U

ナビゲーション（画像表示）関連ツール
- 手のひらツール H
- 回転ビューツール R
- ズームツール

選択関連ツール
- 長方形選択ツール M
- 楕円形選択ツール M
- 一行選択ツール
- 一列選択ツール
- なげなわツール L
- 多角形選択ツール L
- マグネット選択ツール L
- オブジェクト選択ツール W
- クイック選択ツール W
- 自動選択ツール W

レタッチ・描画関連ツール
- スポット修復ブラシツール J
- 削除ツール J
- 修復ブラシツール J
- パッチツール J
- コンテンツに応じた移動ツール J
- 赤目修正ツール J
- ブラシツール B
- 鉛筆ツール B
- 色の置き換えツール B
- 混合ブラシツール B
- コピースタンプツール S
- パターンスタンプツール S
- ヒストリーブラシツール Y
- アートヒストリーブラシツール Y
- 消しゴムツール E
- 背景消しゴムツール E
- マジック消しゴムツール E
- グラデーションツール G
- 塗りつぶしツール G
- 3D マテリアルドロップツール G
- ぼかしツール
- シャープツール
- 指先ツール
- 覆い焼きツール O
- 焼き込みツール O
- スポンジツール O

その他
- 描画色と背景色を初期設定に戻す
- 描画色と背景色を入れ替え
- 描画色を設定
- 背景色を設定
- クイックマスクモードで編集
- スクリーンモードを切り替え

※ベクトル描画・テキスト関連ツールの［コンテンツに応じたトレースツール］は、テクノロジープレビュー（開発中の機能）のため、初期設定では表示されません。

コンテキストタスクバー

Photoshopのドキュメントウィンドウ内の画像下付近には、コンテキストタスクバーが表示されます。コンテキストタスクバーには、これまでの操作内容に応じ、次のステップで使用されることが予測される機能やツールがアイコンで表示されます。

次に使用する機能がコンテキストタスクバーに表示されている場合は、アイコンをクリックすると実行できます。アイコンにマウスポインタを重ね少しそのままにすると、機能名がツールヒントとして表示されます。

※本書では、コンテキストタスクバーを非表示にして解説しています。

コンテキストタスクバー。これまでの作業により表示される機能が異なります。

初めにしておきたい初期設定

Photoshopが勉強しやすいように「初めに設定してほしい項目」があります。
これらの設定は「絶対にしないといけない」というものではありませんが、
作業効率が上がったり、PCの動作が軽くなったりするのでオススメです。

> Photoshopの操作に慣れてきたら、
> PCの環境や制作物に合わせて、
> 自分が使いやすいようにカスタムしましょう。

環境設定

まずは環境設定から2つの設定を変えます。

1 ❶メニューの[**Photoshop**]➡[**環境設定**]
➡[**一般**]をクリックすると、[**環境設定**]画
面が表示されます。

ヒストリー数を変えます。これはPCの動作を軽
くするためです。

2 左のリストで❷[**パフォーマンス**]をク
リックし、下記のように設定します。

❸ **ヒストリー数：20**

> 「ヒストリー数」とは、Photoshopでの作業手順を記
> 録して、元に戻すことができる数のことです。数を多
> くすればたくさん作業を戻すことができますが、その
> 分PC動作が重くなる原因になります。

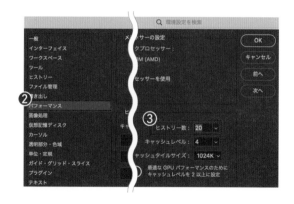

> まずは「ヒストリー数」を「20」としますが、足
> りないと感じたらPCのスペックと相談しな
> がら「ヒストリー数」を調整しましょう。

文字の単位をピクセルにします。これは文字サイズを指定する際の単位の設定です。

3 左のリストで❹[**単位・定規**]をクリックし、下記のように設定します。

❺ **文字：pixel**

4 設定を変えたら❻[**OK**]をクリックして、[**環境設定**]画面を閉じます。

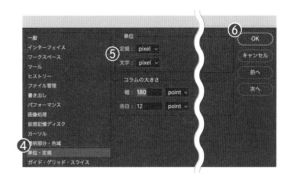

[文字]として、デジタルデザインの現場では「pixel」がよく使われます。印刷物など紙のデザインでは「mm」がよく使われます。この本では、「pixel」に統一して解説します。

[移動ツール]の設定

[**移動ツール**]を設定します。これは「レイヤーの選択」や「サイズ変更」をスムーズに行うためです。

1 ツールパネルの❶[**移動ツール**]をクリックします。オプションバーにある❷[**自動選択（レイヤー）**]と❸[**バウンディングボックスを表示**]に、チェックを入れておきます。

初めのうちは、[**自動選択（レイヤー）**]と[**バウンディングボックスを表示**]の2つにチェックを入れておくと使いやすくなります！

[自動選択]と[バウンディングボックスを表示]の機能

[自動選択]
チェックを入れると画面の対象物をクリックするだけでそのレイヤーを選択できます。

[バウンディングボックスを表示]
チェックを入れると、レイヤーを選択するだけでサイズ変更のガイド（バウンディングボックス）が常に表示されます。

バウンディングボックスは、レイヤー画像の角と各辺中央に□がついて表示されます。

定規を表示

ガイドを作るための定規を表示させておきます。

1 ❶メニューの[**表示**]➡[**定規**]をクリックします。ドキュメントウィンドウの上と左に❷定規が表示されます。

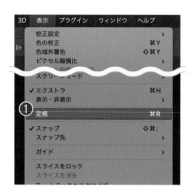

定規はメニューの[**表示**]➡[**定規**]をクリックすることで、表示／非表示を切り替えられます。

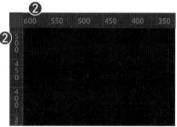

ガイドを作る

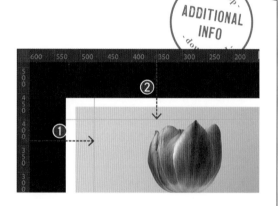

ガイドを使うと、画像を正確な位置に配置することができます。2つ以上の画像を特定の位置で揃えたいときにも便利です。

❶縦のガイドは、左の定規からアートボードまでドラッグします。❷横のガイドは上の定規からドラッグします。

ガイドは、❸メニューの[**表示**]➡[**表示・非表示**]➡[**ガイド**]をクリックすることで、表示／非表示を切り替えられます。

ガイドは実際に線が引かれたような見た目になりますが、書き出しや印刷時にガイドが表示されることはありません。

パネル、パネルドックの設定

本書の中でよく使う次の6つのパネルを、❶のように あらかじめパネルドックの中に含めておきましょう。

● 文字
● 段落
● カラー
● プロパティ
● ヒストリー
● レイヤー

パネルドックに含まれているパネルは、パネル名(タブ)をクリックするだけで表示できます。

表示されていないパネルを表示させるには、❷メニューの[**ウィンドウ**]をクリックし、パネル名をクリックします。
表示されたら、目的のパネルドックの位置までパネル名のタブをドラッグします。

既に表示されている(パネルドックに含まれている)パネルを閉じるときは、❸パネルの右上をクリックしパネルメニューの[**閉じる**]をクリックします。

他のパネルを表示して(パネルドックに含めて)いてもOKですが、最低でもこの6つは表示させるようにしておきましょう!

MISSION 02/05 | 写真を加工しよう

海辺の写真を使って次の3つの簡単な加工を行います。

❶写真をトリミングする　　❷砂浜にある不要な海藻を削除する
❸写真に文字を配置する

Before

After
BEACH

ここからは実際に写真を加工しながら、
Photoshopの操作に慣れていきましょう。

SAMPLE DATA
2-5

写真をトリミング

①

1 ❶練習用データ「2_5.psd」を開きます。

この写真は横幅が長いので、写真の両サイドを
削り、上部を伸ばすトリミングを行います。

2 ツールパネルの❷[**切り抜きツール**]をク
リックして選択します。

「ツールパネルの[○○ツール]をクリックして選択し
ます」を以降本書では、「[○○**ツール**]**を選択します**」
と表記します。

②

［**切り抜きツール**］を選択すると、❸画像の周り（角と辺中央）に白いハンドルが表示されます。辺の上にマウスポインタを重ねると、ポインタが矢印（↔ ↕）に変化します。この状態でドラッグすると枠が移動してトリミング範囲が変化します。

3 ❹ここでは辺をドラッグして左右の幅を縮め、上に引き伸ばしてみましょう。

Macでは option キー、Windowsでは alt キーを押しながらドラッグすると、両端を同時に動かすことができきます。

4 ❺オプションバーにある［**コンテンツに応じる**］にチェックを入れて、 enter キーを押します。

［**コンテンツに応じる**］にチェックを入れると、写真の足りない部分をAIが予測して塗りたしてくれます（写真によっては不自然になることもあるので注意してください）。

［**切り抜いたピクセルを削除**］にチェックを入れると、トリミングによって見えなくなった部分は削除されます。後から再調整できなくなるので、ここはチェックを入れないのがオススメです。

写真の両サイドを切り取り、上の部分を足すことができました！

MISSION

01

02

03

04

05

06

07

08

09

砂浜にある不要な海藻を削除

次は、砂浜にある不要な海藻を削除します。

1 ❶[**ズームツール**]（虫眼鏡のアイコン）を選択し、❷の海藻付近で何度かクリックして表示を拡大します。

> Macでは option キー、Windowsでは alt キーを押しながらクリックすると、表示を縮小できます。

> [ズームツール]では❸マウスポインタが虫眼鏡になり、⊕または⊖が表示されます。⊕のときはクリックで表示を拡大、⊖のときは縮小です。

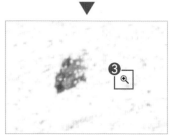

表示範囲を移動

画像を拡大表示すると、画面に表示される画像は一部分だけになります。このとき表示されていない画像部分を表示させるには❶[**手のひらツール**]を使います。

[**手のひらツール**]を選択して❷画像内でドラッグすると、表示範囲が移動できます。

[**手のひらツール**]はよく使うツールです。ショートカットを覚えておきましょう。
Mac： space ／**Win**： space
space キーを押している間だけマウスポインタが手のひらになります。

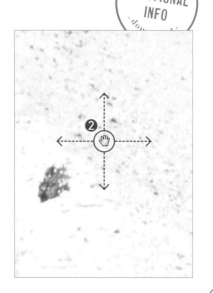

Photoshop
ADDITIONAL
INFO

2 拡大できたら[**レイヤー**]パネルで❹[**新規レイヤーを作成**]をクリックします。❺レイヤー名は「ブラシ」に変えます。

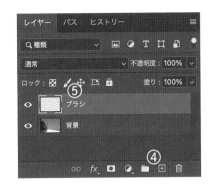

3 ❻[**スポット修復ブラシツール**]を選択し、オプションバーで❼[**ブラシオプション**]をクリックし以下のように設定します。
❽[**直径**]:「80」px
❾[**硬さ**]:「0」%

削除したい海藻よりも少し大きなサイズにします。

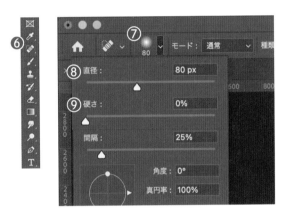

4 さらにオプションバーで以下のように設定します。
❿[**種類**]:
[**コンテンツに応じる**]をクリックして選択する
⓫[**全レイヤーを対象**]:チェックを入れる

[全レイヤーを対象]にチェックを入れると、すべてのレイヤーが修復するための画像として認識されます。

5 ⓬海藻をなぞるようにドラッグまたはクリックします。

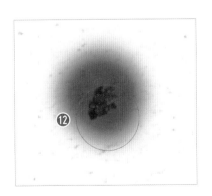

MISSION

01

02

03

04

05

06

07

08

09

不要な海藻を消すことができました！ 全体表示に戻して確認しましょう。

全体表示に戻すには、メニューの[**表示**]➡[**画面サイズに合わせる**]をクリックします。よく使うのでショートカットを覚えておきましょう。
Mac： ⌘ ＋ 0 (ゼロ) ／ Win： ctrl ＋ 0 (ゼロ)

写真に文字を配置

1 ❶[**横書き文字ツール**]を選択します。

2 ❷空のあたりでクリックします。カーソルが表示されるので、「BEACH」と入力してみましょう。

3 ❸[**移動ツール**]を選択します。文字を囲むバウンディングボックスが表示されます。

4 ❹バウンディングボックスの4角のハンドルをドラッグして文字を拡大しましょう。

4角のハンドルのドラッグで、元の縦横比から縦長や横長に変形してしまう場合は、 shift キーを押しながらドラッグしてください。

文字色を「白」に変えます。

5 [**文字**]パネルの❺[**カラー**]をクリックし、[**カラーピッカー**]で白を選択します。❻[**OK**]をクリックして[**カラーピッカー**]を閉じます。

[カラーピッカー]では、色相の設定に関係なく、❼一番左上が白になります。

[文字]パネルで[カラー]を白にしても「BEACH」の文字色が変わらない場合は、[移動ツール]を選択した状態で「BEACH」の文字をクリックし、バウンディングボックスが表示されていることを確認してから、再度[文字]パネルで[カラー]を変えてください。

6 [**移動ツール**]で文字の位置を、空の中心あたりに調整したら完成です。

● 写真をトリミングする
● 砂浜にある不要な海藻を削除する
● 写真に文字を配置する

3つの加工をすることができました！

MISSION 02/06 保存と書き出しを学ぼう

編集したデータを「保存」する方法と、
その画像を他のデバイスで表示したり、SNSに投稿したりするために、
完成データを1枚の画像として「書き出す」方法を学びます。

「保存」と「書き出し」の違い、
さらにデータ形式について
学習しましょう。

「保存」と「書き出し」の違い

●保存

Photoshopで編集した内容（レイヤーやテキスト情報など）を残した状態で、再編集できるデータを保存することが可能です。保存方法には[**保存**][**別名で保存**][**コピーを保存**]の3種類があります。
Photoshop固有のデータ形式「psd」で保存するのが一般的です。

●書き出し

完成したデータを1枚の画像として書き出すことができます。
SNSに投稿するなど、他のデバイスなどで表示できる画像にするためには、汎用性の高いデータ形式（JPG／PNGなど）で書き出す必要があります。
書き出した画像データには、Photoshopでの作業工程は残らないので注意が必要です。

[保存]の方法

[保存]では、初めて保存する場合はファイルを保存する場所、ファイル名を指定する必要があります。2回目以降はそのファイルを上書きします。

1 ❶メニューの[**ファイル**]➡[**保存**]をクリックします。

● [Creative Cloudに保存]画面が表示された場合

2 クラウドドキュメントに保存する場合は、❷ファイル名を入力し、❸[**保存**]をクリックします。使っているコンピューター内に保存したい場合は、❹[**コンピューター**]をクリックします。

[Creative Cloudに保存]画面。Creative Cloudについては、P.245を参照してください。

● [**別名で保存**]画面が表示された場合

2 コンピューター内に保存する場合は、❺ファイル名を入力し、保存場所を指定して❻[**保存**]をクリックします。❼クラウドドキュメントに保存する場合は、[**クラウドドキュメントに保存**]をクリックします。

[別名で保存]画面。上図はMacの場合。

> メニューの[ファイル]➡[保存]をクリックしたとき、[Creative Cloudに保存]と[別名で保存]のどちらの画面が表示されるかは、Photoshopの使用環境などによって異なります。

[**保存**]はよく使う機能です。ショートカットを覚えておきましょう。
Mac：⌘＋S／Win：ctrl＋S

[別名で保存]と[コピーを保存]

● [別名で保存]

別のファイル名をつけて新たなファイルとして保存します。保存後ドキュメントウィンドウには、別名で保存した新たなファイルが表示されます。

❶メニューの[**ファイル**]➡[**別名で保存**]をクリックして実行します。その後の工程は、初めて[**保存**]を実行するときと同じです。

[**別名で保存**]と[**コピーを保存**]の違いは、保存後にドキュメントウィンドウに表示されているファイルが、新しいファイル([**別名で保存**])か、元のファイル([**コピーを保存**])かです。

●[コピーを保存]

別のファイル名をつけて新たなファイルとして
保存します。保存後ドキュメントウィンドウには、
元のファイルがそのまま表示されます。

❷メニューの[ファイル]➡[コピーを保存]をク
リックして実行します。その後の工程は、初めて
[保存]を実行するときと同じです。

書き出しの方法

完成したデータを別の画像に書き出します。こ
のとき、レイヤー、テキスト情報、カンバス外の
画像などは削除され、1枚の画像として保存さ
れます。

1 ❶メニューの[ファイル]➡[書き出し]➡
[書き出し形式]をクリックします。

2 [書き出し形式]画面が表示されます。

❷[形式]で保存ファイルの形式を[PNG]
[JPG][GIF]から選択します。

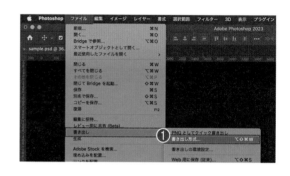

❸[画像サイズ]の[幅][高さ][拡大・縮小]
のいずれかに数値を入力すると、サイズを
変えることができます。

❹[書き出し]をクリックすると[名前を付
けて保存]画面が表示されるので、ファイ
ル名と保存先を指定して保存します。

[形式]で[JPG]を選択すると、画質を1(低)
~7(高)に設定できます。
高くすれば画質は良くなりますがその分デー
タが重くなるので、大きな画像を書き出すと
きは少し数値を落とすのがオススメです。

主要ファイル形式の特徴

JPG形式	PNG形式	GIF形式
「写真」や「色表現が豊かなイラスト」に最適	「切り抜き写真」や「ロゴ」など、透過を活かした表現に最適	「ロゴ」や「色数が少ないシンプルなイラスト」に最適
表現できる色数が多く、グラデーションも綺麗	表現できる色数が多く、グラデーションも綺麗	表現できる色数が少なく、写真の画質が粗くなる
背景を透明にできない	背景を透明にできる	背景を透明にできる
ファイルがあまり重くならない	データ容量は重くなる	データ容量が軽い
上書き保存するたびに画像が劣化する	画質が劣化しない	パラパラ漫画のようなアニメーションができる

MISSION
01
02
03
04
05
06
07
08
09

Photoshopを終了する方法

1 ❶メニューの[Photoshop]➡[Photoshop を終了]をクリックします。

Windowsは、メニューの[ファイル]➡[終了]をクリックします。

Macではワークスペース左上にある❷赤丸ボタンをクリックすると、Photoshopを起動したままワークスペースだけを閉じることができます。Windowsではワークスペース右上にある[×]をクリックすると、Photoshopが終了します。

MISSION 02/07 カンバスサイズを変える

作業の途中で、カンバスサイズを変える方法を紹介します。
［切り抜きツール］のように感覚的にトリミングする方法ではなく、
「起点になる場所」と「サイズの数値」を入力して変えます。

> 「カンバスサイズの変更」は、
> 指定されたサイズぴったりにリサイズする
> ときに必要な作業です。

カンバスサイズを変える方法

1 ❶メニューの［**イメージ**］➡［**カンバスサイズ**］をクリックします。

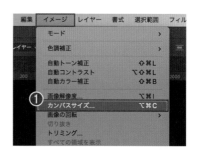

2 ［**カンバスサイズ**］画面が表示されます。❷一番上には現在のサイズが記載されています。変更後のサイズとして、❸［**単位**］を指定してから、❹［**幅**］と［**高さ**］を入力します。

> ［単位］は、［幅］または［高さ］の一方を指定すれば、もう一方も変わります。

3 ❺［**基準位置**］では基準にしたいポイントを、9つのマスから1つクリックして選択します。［**OK**］をクリックすると、カンバスサイズが変わります。

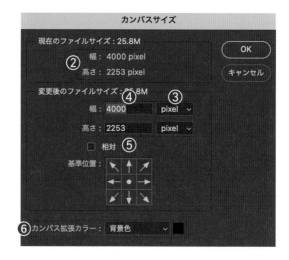

> ❻［カンバス拡張カラー］は、カンバスを広げたときの余白の色を指定します。画像に背景レイヤーがある場合だけ指定できます。

カンバスを縮小する場合の注意点

カンバスサイズを小さくする場合、背景レイヤーがあるか確認してから縮小しましょう。背景レイヤーがある場合、カンバスを小さくするとカンバス外となる部分の画像が削除されてしまいます。

カンバス外となる部分の画像を削除したくない場合は、背景レイヤーの❶ロックをクリックして解除し、通常のレイヤーに変換してからカンバスサイズを変えます。

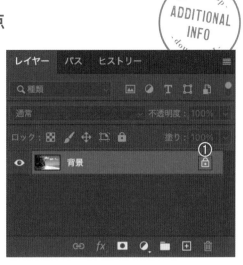

覚えておきたいショートカット

Photoshopの作業効率が良くなる、便利なショートカットを紹介します。
積極的にショートカットを使って慣れていきましょう。

「コピペ（コピー＆ペースト）」や「セーブ（保存）」は
一般的なアプリケーションと同じです。
覚えやすいものから覚えていきましょう。

ショートカットとは

Photoshopでは、機能やツールを使える状態に
するために行うアイコンのクリックやメニュー
の選択を、キーボードのキーを押すことでも実
行できます。
頻繁に使う機能やツールはショートカットを覚
えましょう。

マウス操作とショートカットの違い

> ［保存］機能を実行する場合の例
>
> ●**マウス操作の場合**
> メニューの［**ファイル**］➡［**保存**］をクリック
>
> ●**キーボードを使うショートカットの場合**
> Mac：⌘ + S キーを押す
> Win ：ctrl + S キーを押す

一般的なアプリケーション共通の
ショートカット

> 「⌘ + S キーを押す」は、「⌘ キーを押しながら S
> **キーを押す**」ことを表します。本書では、このように「押
> しながら」の代わりに「＋」で表記しています。

一般的なアプリケーション共通のショートカッ
トです。

機能／ツール名	Mac	Windows	備考
コピー	⌘ + C	ctrl + C	［編集］メニューの機能
ペースト	⌘ + V	ctrl + V	［編集］メニューの機能
ひとつ戻す	⌘ + Z	ctrl + Z	［編集］メニューの機能
ひとつ進む	⌘ + shift + Z	ctrl + shift + Z	［編集］メニューの機能
保存	⌘ + S	ctrl + S	［ファイル］メニューの機能

最初に覚えたい
Photoshopの基本のショートカット

一般的なアプリケーション共通のショートカットを覚えたら、Photoshop独自のショートカットの中から、まずは、ズームとパン（手のひら）を覚えましょう。

機能／ツール名	Mac	Windows	備考
手のひらツール	space	space	ツールパネル 🖐
ズームツール（拡大）	⌘ + space	ctrl + space	ツールパネル 🔍
ズームツール（縮小）	⌘ + option + space	ctrl + alt + space	

※ ［手のひらツール］と［ズームツール］のショートカットは他のショートカットと異なり、キーを押している間だけ目的のツールに切り替わるショートカットです。ショートカットのキーを押しながらクリックやドラッグすることで、表示範囲の移動、拡大、縮小を実行します。キーを放すと元のツールに戻ります。

後々覚えたいショートカット

機能／ツール名	Mac	Windows	備考
書き出し	⌘ + option + shift + W	ctrl + alt + shift + W	メニューの［ファイル］→［書き出し］の機能
レイヤーを複製	option + ドラッグ	alt + ドラッグ	［レイヤー］パネルでキーを押しながら対象レイヤーをドラッグする
自由変形	⌘ + T	ctrl + T	［編集］メニューの機能
カーニング（文字間隔の調整）	option + ←→（←で詰める。→で広げる。）	alt + ←→（←で詰める。→で広げる。）	［文字］パネルの機能
100%（等倍で表示）	⌘ + 1	ctrl + 1	［表示］メニューの機能 モニターピクセルと画像ピクセルが一致した表示
画面サイズに合わせる	⌘ + 0（ゼロ）	ctrl + 0（ゼロ）	［表示］メニューの機能 ドキュメントウィンドウに画像の表示サイズを合わせる
定規の表示／非表示	⌘ + R	ctrl + R	［表示］メニューの機能
ブラシサイズの拡大	]（角括弧）	]（角括弧）	［ブラシツール］［スポット修復ブラシツール］などを使用中、［ブラシオプション］の［直径］を拡大・縮小する
ブラシサイズの縮小	[（角括弧）	[（角括弧）	

よく使う6つのパネル

6つのパネル（文字・段落・レイヤー・カラー・ヒストリー・プロパティ）の機能と操作方法を詳しく解説していきます。

ここで紹介する6つのパネルは、
基本の操作でも頻繁に使います。
どんな作業ができるのかざっと目を通しておきましょう。

［**文字**］パネル

［**文字**］パネルは、入力した文字をカスタマイズするパネルです。よく使う機能と操作方法を解説します。

❶ フォント

フォントの種類（書体）を指定します。

使えるフォントの種類はPC環境によって異なります。またAdobeFontsのフォントも使えます（使い方はP.242参照）。

❷ フォントスタイル

フォントの太さを指定します。

指定したフォントによって、選択できる太さの種類は変わってきます。フォントによっては太さの種類がない場合もあります。

❸ フォントサイズ

フォントの大きさを設定します。

❹ 行送り

行送りを設定します。

❺ カーニング

カーソルの左右にある文字の間隔を変えるのに使います。

❻ トラッキング

選択した文字の間隔を、一律に変えるのに使います。

❼ 垂直比率

文字の縦の比率を指定します。

❽ 水平比率

文字の横の比率を指定します。

❾ カラー

文字の色を指定します。

❿ 太字・斜体などのテキストオプション

文字を太くしたり、斜めにするスタイルを選択できます。

[段落]パネル

[段落]パネルは、長い文章を調整するパネルです。文章を左揃えにしたり、中央揃えにしたり、よく使う機能だけ覚えましょう。

❶ 左揃え

文章全体を左端に寄せて配置します。

> Photoshopでは文字属性を持つ文字を配置できます。フォントサイズを20ptから150ptに変更するなど、自由に簡単に修正できます。
> 段落パネルは、長い文章を調整するときに使います。

❷ 中央揃え

文章全体を中央に合わせて配置します。

> Photoshopでは文字属性を持つ文字を配置できます。フォントサイズを20ptから150ptに変更するなど、自由に簡単に修正できます。
> 段落パネルは、長い文章を調整するときに使います。

❸ 右揃え

文章全体を右端に寄せて配置します。

> Photoshopでは文字属性を持つ文字を配置できます。フォントサイズを20ptから150ptに変更するなど、自由に簡単に修正できます。
> 段落パネルは、長い文章を調整するときに使います。

❹ 均等配置（最終行左揃え）

文章の両端の長さが、均等になるように配置します。最後の行のみ左揃えになります。

Photoshopでは文字属性を持つ文字を配置できます。フォントサイズを20ptから150ptに変更するなど、自由に簡単に修正できます。
段落パネルは、長い文章を調整するときに使います。

❺ 均等配置（最終行中央揃え）

文章の両端の長さが、均等になるように配置します。最後の行のみ中央揃えになります。

Photoshopでは文字属性を持つ文字を配置できます。フォントサイズを20ptから150ptに変更するなど、自由に簡単に修正できます。
段落パネルは、長い文章を調整するときに使います。

❻ 均等配置（最終行右揃え）

文章の両端の長さが、均等になるように配置します。最後の行のみ右揃えになります。

Photoshopでは文字属性を持つ文字を配置できます。フォントサイズを20ptから150ptに変更するなど、自由に簡単に修正できます。
段落パネルは、長い文章を調整するときに使います。

❼ 両端揃え

文章の両端の長さが、すべて均等になるように配置します。

Photoshopでは文字属性を持つ文字を配置できます。フォントサイズを20ptから150ptに変更するなど、自由に簡単に修正できます。
段落パネルは、長い文章を調整するときに使います。

［レイヤー］パネル

［**レイヤー**］パネルは、新しいレイヤーを作ったり削除したり、レイヤーの管理をするパネルです。よく使うパネルなのでしっかり覚えましょう。

レイヤーの順番は、ドラッグで入れ替えることができます。

❶ レイヤーの表示／非表示

目のアイコンをクリックすると、レイヤーの表示／非表示を切り替えられます。

❷ レイヤーの名前

レイヤー名をダブルクリックすると、変えられます。

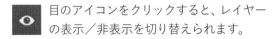

❸ 不透明度と塗り

レイヤーの[不透明度]と[塗り]を、0〜100%の数値で調整できます。

[不透明度]と[塗り]は、どちらもレイヤーの表示度合いを調整する機能ですが、レイヤースタイル（P.137参照）に影響するかどうかが違います。

[不透明度]：100%　[不透明度]：30%　[不透明度]：100%
[塗り]：100%　[塗り]：100%　[塗り]：30%

文字「A」にレイヤースタイルの[ドロップシャドウ]で影を設定し、[不透明度]または[塗り]を変えた例。[不透明度]はレイヤースタイルも一緒に調整します（上図中）。[塗り]はレイヤースタイルに影響しません（上図右）。

❹ ロック

任意のレイヤーを選択した状態で、鍵のアイコンをクリックすると、そのレイヤーの位置が動かないようにロックできます（もう一度クリックするとロックを解除できます）。

ロックしたレイヤーには、鍵のマークが表示されます。

❺ 描画モード

さまざまな[描画モード]を選択できます。
[描画モード]は、下にあるレイヤーと合成できる機能です。MISSION 6の『レイヤーをブレンドする描画モード』（P.156）で詳しく解説します。

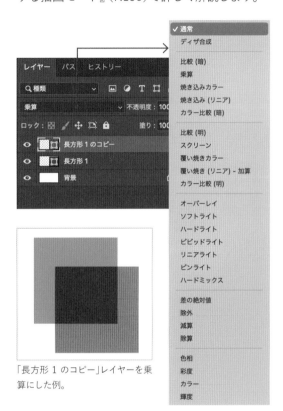

「長方形 1 のコピー」レイヤーを乗算にした例。

❻ レイヤーを削除（ゴミ箱のアイコン）

任意のレイヤーを選択した状態で、ゴミ箱アイコンをクリックすると、レイヤーを削除できます（レイヤーをゴミ箱までドラッグしても削除できます）。

❼ 新規レイヤーを作成

アイコンをクリックすると、新しい透明のレイヤーを作れます。

新規レイヤーは「レイヤー○」（○数字）として作られます。

❽ 新規グループを作成

複数のレイヤーを選択した状態で、アイコンをクリックすると、レイヤーをグループ化することができます。

グループ化はよく使う機能です。ショートカットを覚えておきましょう。
Mac：⌘ + G／Win：ctrl + G

❾ 塗りつぶしまたは調整レイヤーを新規作成

アイコンをクリックするとメニューが表示されます。メニューから目的の項目をクリックすると、塗りつぶしレイヤーや調整レイヤーを作れます。

上図は、調整レイヤーの［カラーバランス］を作りました。

塗りつぶしレイヤーは、レイヤーを指定の色で塗りつぶしたレイヤーです。
調整レイヤーは、下のレイヤーの色補正を行うためのレイヤーです。

❿ マスクを追加

アイコンをクリックすると、選択しているレイヤーにレイヤーマスクを作れます。レイヤーマスクについては、4章のP.092で詳しく解説します。

レイヤーにレイヤーマスクを追加しています。

［カラー］パネル

［カラー］パネルは、描画色と背景色を指定するためのパネルです。

描画色と背景色では［ブラシツール］などで描画する際や［塗りつぶしツール］で塗りつぶす際に使う色を指定します。

❶ 描画色

現在の描画色が表示されています。描画色をクリックして選択すると❸、❹で描画色を編集できます。

❷ 背景色

現在の背景色が表示されています。背景色をクリックして選択すると❸、❹で背景色を編集できます。

> ❶描画色または❷背景色をクリックすると［カラーピッカー］が開かれることがあります。［カラーピッカー］を使わない場合は［×］または［キャンセル］で閉じてください。

❸ 色相の選択

縦のスライダーをドラッグして色相を指定します。

❹ 明度・彩度の選択

クリックまたはドラッグで❺○の位置を動かして、明度と彩度を調整します。

> ［カラーピッカー］では、より詳細にカラーの指定ができます。［カラーピッカー］を表示させたい場合は、変えたい❶描画色または❷背景色のどちらかをダブルクリックします。

［プロパティ］パネル

［プロパティ］パネルは、選択したオブジェクトやレイヤーのさまざまな情報を表示し、変えることができるパネルです。
画像のサイズや位置など、選択しているレイヤーや機能によって、表示内容が変化します。

右図は、［レイヤー］パネルで調整レイヤー（レベル補正）を選択しているときに表示されます。ここで補正量を調整します（調整レイヤーを使った色補正は、3章のP.062で詳しく説明します）。

［ヒストリー］パネル

Photoshopでは1つ1つの操作の履歴が、自動的に保存されるようになっています。
［ヒストリー］パネルはその履歴を管理できるパネルです。

「作業をちょっと前からやり直したい」そういうときに使えるパネルです。

❶ 作業工程

今までの作業履歴が表示されています。クリックするとその地点まで戻ることができます。

❷ 現在のヒストリー画像から新規ファイルを作る

任意の履歴を選択した状態で、アイコンをクリックするとその地点からの新規ファイルを作ることができます。

スナップショット

❸ 新規スナップショットを作る

任意の履歴を選択した状態で、アイコンをクリックするとそこまでの作業がスナップショットとして残されます。

スナップショットに残すと、設定したヒストリー数を超えてもその地点まで戻ることができます。

作業履歴やスナップショットは、データを閉じてしまうとリセットされるので注意しましょう。

履歴に残すヒストリー数は、環境設定の「パフォーマンス」から変えることができます（P.034参照）。

MISSION /03

画像の色補正を学ぼう

色調補正とは
色調補正について学ぼう

「色調補正」とは、画像の色合いをイメージ通りに調整することです。
Photoshopには20種類以上もの色調補正機能があり、
暗い画像を明るくしたり、くすんだ画像を色鮮やかにしたりすることができます。

Photoshopを使って、画像の色合いを
イメージ通りに調整する機能を覚えましょう。

特に使える
色調補正のための機能

Photoshopには20種類以上もの色調補正のための機能があります。初めからすべて覚える必要はありません。
MISSION 03では、「特に使える色調補正8つ」を厳選して解説します。

● 明るさ・コントラスト	● レベル補正
● トーンカーブ	● 色相彩度
● カラーバランス	● 2階調化
● 特定色域の選択	● ポスタリゼーション

上の8つの機能を覚えましょう。

色調補正でできること

色補正で具体的にどのような調整ができるのか、その例を紹介します。

写真の明るさを補正する

 ▶

写真にメリハリをつける（コントラストを補正する）

写真の背景色を変える

肌の色を自然な色にする

写真をモノクロ2色のイラストにする

調整レイヤーを学ぶ

元データを壊さず補正しよう

「調整レイヤー」という機能を使って、画像を補正する方法を学びます。

調整レイヤーは、元の画像を劣化させずにさまざまな色補正を行える機能です。

本書で行う色補正は、すべて調整レイヤーを使って解説します。

「調整レイヤー」は、
色補正をする上で大切なテクニックです。
しっかり理解しておきましょう。

調整レイヤーとは

調整レイヤーは、元の画像データを改変することなく残したまま色補正を行える機能です。調整レイヤーを画像に重ねることで、間接的に色補正します。

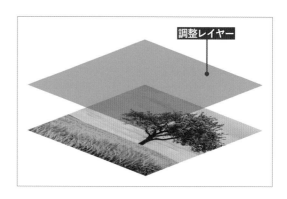

調整レイヤー

調整レイヤーは以下のような特徴を持っています。

◆ 元の画像データを維持したまま調整できる。
◆ 後からでも簡単に補正量を修正できる。
◆ 調整レイヤーの下に重なるすべてのレイヤーに適用される（1つ下にだけ適用することもできる）。
◆ 調整レイヤーを削除／非表示にすれば、補正前に戻すことができる。
◆ 複数の調整レイヤーを重ねることができる。

調整レイヤーには右図の16種類があります。

明るさ・コントラスト...
レベル補正...
トーンカーブ...
露光量...

自然な彩度...
色相・彩度...
カラーバランス...
白黒...
レンズフィルター...
チャンネルミキサー...
カラールックアップ...

階調の反転
ポスタリゼーション...
2 階調化...
グラデーションマップ...
特定色域の選択...

調整レイヤーの使い方

種類を指定して調整レイヤーを作ります。

1 [**レイヤー**]パネルの❶のボタンをクリックすると、❷調整レイヤーの種類が表示されます。ここから、使う色調補正の種類をクリックして選択します。

> 上3つの[べた塗り][グラデーション][パターン]は、調整レイヤーではなく「塗りつぶしレイヤー」です。それ以外の項目は、すべて調整レイヤーです。

[**レイヤー**]パネルに❸調整レイヤーが作られます。

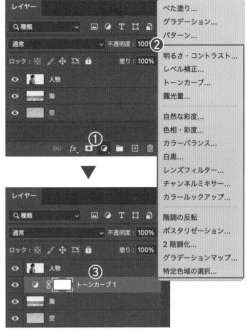

❷で[トーンカーブ]をクリックして選択した例。

調整レイヤーが作られると[**プロパティ**]パネルが表示されます。色の調整はこのパネルで行います。

調整レイヤーの補正対象

調整レイヤーは、基本的に下にあるすべてのレイヤーに適用されます。
直下のレイヤーにだけ適用したい場合は、調整レイヤー上で右クリックし、[**クリッピングマスク**]をクリックします。
これで1つ下のレイヤーにだけ適用されます。グループに対しても同じことができます。

[トーンカーブ]の調整レイヤーに[クリッピングマスク]を適用した例。「海」レイヤーにだけ適用されるようになります。

暗い写真を明るくしよう

［明るさ・コントラスト］という機能を使って、暗くぼんやりした写真を、
明るくメリハリのある写真に補正する方法を学びます。

明るさとコントラストを
好みに調整してみましょう。

SAMPLE DATA
3-3

［明るさ・コントラスト］とは

［**明るさ・コントラスト**］は、写真の明るさとコントラストを調整する機能で、色調補正機能の中で扱いやすい機能の1つです。

［**プロパティ**］パネルで、❶［**明るさ**］、❷［**コントラスト**］のスライダーを動かして調整します。

写真の明るさやコントラストは、［**明るさ・コントラスト**］の他、［**レベル補正**］や［**トーンカーブ**］でも調整できます。
シーンに合わせて、自分が使いやすい機能を選択していきましょう！

調整レイヤーを作る

1 練習用データ「**3_3.psd**」を開いてください。

[**レイヤー**]パネルの❶のボタンをクリックし、❷[**明るさ・コントラスト**]をクリックします。

[**レイヤー**]パネルに❸[**明るさ・コントラスト**]の調整レイヤーが作られます。

明るさを調整する

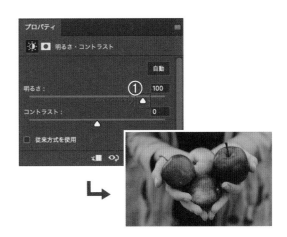

調整レイヤーを作ると、[**プロパティ**]パネルが同時に表示されます。

1 ❶の[**明るさ**]スライダーを右に動かし、写真を明るくしていきます。左に動かすと暗くなります。

コントラストを調整する

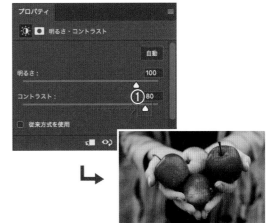

明るさが調整できたら、今度はコントラストを調整していきます。

1 ❶の[**コントラスト**]スライダーを右に動かし、写真のコントラストを強くします。左に動かすとコントラストが弱くなります。

暗い写真を明るくすることができました！

［レベル補正］の操作法を学ぶ

写真にメリハリをつけよう

［レベル補正］という機能を使って、明るくぼんやりした写真を、
明暗がくっきりしたメリハリのある写真に補正する方法を学びます。

Before

After

［レベル補正］は、［明るさ・コントラスト］と
比べて、より詳細な明るさのコントロールが
できます！

SAMPLE DATA
3-4

［レベル補正］とは

［レベル補正］は、写真の明るさやコントラスト
を調整できる機能です。

［プロパティ］パネルに、写真の色分布情報とし
て、❶［ヒストグラム］（棒グラフ）が表示されて
いるのが特徴です。

［プロパティ］パネルのグラフ内にある、❷［シャ
ドウ］、❸［ハイライト］、❹［中間調］の3つのス
ライダーを動かして明暗を調整します。

※［ヒストグラム］については、P.068の『ADDITIONAL
　INFO』を参照してください。

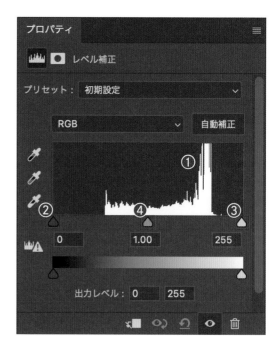

調整レイヤーを作る

1 練習用データ「3_4.psd」を開いてください。

- -

[**レイヤー**]パネルの❶のボタンをクリック
し、❷[**レベル補正**]をクリックします。

[**レイヤー**]パネルに❸[**レベル補正**]の調整レイ
ヤーが作られます。

暗い色を調整する

1 [**プロパティ**]パネルで❶[**シャドウ**]のス
ライダーを右に動かし、写真の暗さを調整
します。ここでは「**70**」にしています。

写真の暗い部分をより暗くするイメージで
す。黒くつぶれすぎないように意識しながら、
[**シャドウ**]のスライダーを右に動かしましょう。

明るい色を調整する

1 [**プロパティ**]パネルで❶[**ハイライト**]のス
ライダーを左に動かし、写真の明るさを調
整します。ここでは「**235**」にしています。

写真の明るい部分をより明るくするイメージで
す。白く飛びすぎないように意識しながら、[**ハ
イライト**]のスライダーを左に動かしましょう。

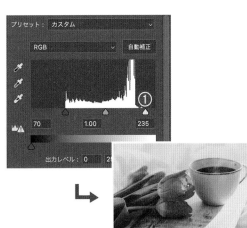

中間色を調整する

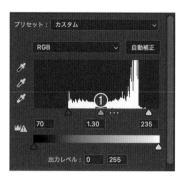

1 ［**プロパティ**］パネルで❶［**中間調**］のスライダーを左右に動かし、写真の明るさを調整します。ここでは左に動かして「**1.30**」にしています。

 ［**中間調**］を左に動かすと写真全体が明るくなり、右に動かすと全体的に暗くなります。ここでは少し明るいイメージにしたいので、左に動かしました。

明るくてぼんやりした写真を、メリハリのある写真に補正することができました！

［ヒストグラム］とは

ADDITIONAL INFO

［**ヒストグラム**］は、画像内のすべてのピクセルがどの明るさに分布しているかを、一目でわかるように表したものです。

［**ヒストグラム**］を見れば、その画像の明るさの傾向を把握することができます。

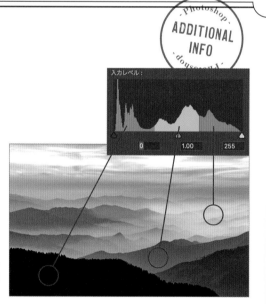

［ヒストグラム］は棒グラフです。横軸が「明るさ」（左がシャドウ、右がハイライト）、縦軸が「分布量」（上に伸びるほど、その明るさの分布が多い）です。

MISSION
03／05 ［トーンカーブ］の操作法を学ぶ

写真を柔らかいトーンにしよう

［トーンカーブ］という機能を使って、コントラストが強い写真を、
明るく柔らかいトーンに補正する方法を学びます。

 ［**トーンカーブ**］は、特定の明るさ部分だけを
調整することもでき、「レベル補正」よりも
詳細な調整を行うことができます！

SAMPLE DATA
3-5

［トーンカーブ］とは

［**トーンカーブ**］は、写真の明るさやコントラスト
を調整できる機能です。

［**プロパティ**］パネルのグラフに表示される2つ
の❶ポイントとそれを繋ぐ❷線を、ドラッグし
て変形させることで色の調整を行います。

 ［**トーンカーブ**］はとても繊細な補正ができる
ので、補正機能の中でもよく使われる機能で
す。［**レベル補正**］と比べて難しいと感じる方
もいますが、操作自体はとても簡単です。
まずは基本的な操作を覚えましょう！

トーンカーブの調整例

レッスンに入る前に、[**トーンカーブ**]を使った調整例を紹介します。

この調整例は、初めは読み飛ばしてかまいません。P.072からの[**トーンカーブ**]の練習を終えてから読み返し、[**プロパティ**]パネルのグラフに表示されるポイントの位置、それを繋ぐ線の形状(勾配の変化)を確認してください。

補正前

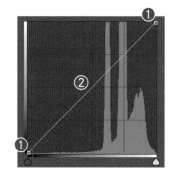

補正前の[トーンカーブ]

❶上下2つのポイントを結ぶ線は❷直線で水平に対し45°の状態です。

全体的に明るくする

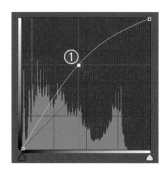

中間に❶ポイントを追加し、上に動かしています。

「**上に動かすと写真は明るく**」なります。

全体的に暗くする

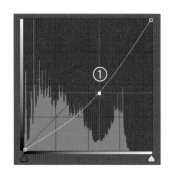

中間に❶ポイントを追加し、下に動かしています。

「**下に動かすと写真は暗く**」なります。

暗いところを明るくする

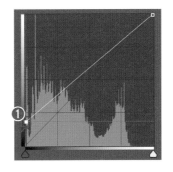

❶下のポイントの位置を真上に動かしています。「**写真の暗い部分が明るく**」なります。

コントラストを少し強くする

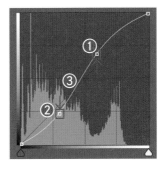

ポイントを2つ追加し、❶を上、❷を下に動かしています。

❸ポイント間を結ぶ線の「**角度が45°より大きい**（急勾配）**部分は、写真のコントラストが高く**」なります。

コントラストを少し弱くする

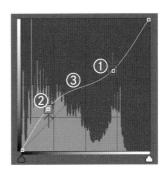

ポイントを2つ追加し、❶を下、❷を上に動かしています。

❸ポイント間を結ぶ線の「**角度が45°より小さい**（緩勾配）**部分は、写真のコントラストが低く**」なります。

コントラストを強くする

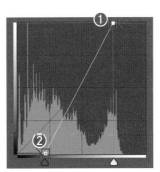

❶を左、❷を右に動かしています。

❸角度が45°より大きいので、写真のコントラストは高くなります。

調整レイヤーを作る

1 練習用データ「**3_5.psd**」を開いてください。

2 [**レイヤー**]パネルの❶のボタンをクリックし、❷[**トーンカーブ**]をクリックします。

[**レイヤー**]パネルに❸[**トーンカーブ**]の調整レイヤーが作られます。

一番明るい色と一番暗い色を調整する

1 [**プロパティ**]パネルで❶のポイントを左にドラッグします。ここでは、入力が「**230**」(出力は「**255**」のまま)になるまで左にドラッグします。

ここでの操作は、一番明るい領域を増やしています。

2 次に❷のポイントを上にドラッグします。ここでは、出力「**29**」（入力は「**0**」のまま）になるまで上にドラッグしています。

ここでの操作は、一番暗い領域を減らしています。

全体的に明るくする

1 ❶線の中央あたりをクリックし、新しいポイントを追加します。

作ったポイントを左上にドラッグし、写真全体を明るくします。ここでは、入力「**90**」、出力「**151**」になるまで左上にドラッグしています。

コントラストが強い写真を、明るく柔らかいトーンにすることができました！

[**トーンカーブ**]は画像が不自然にならないように、ポイントとポイントの間を自動でカーブさせてくれます。これにより、ポイントを動かしても自然な仕上がりになります。

［色相・彩度］の操作法を学ぶ

写真の背景色を変えよう

［色相・彩度］という機能を使って、背景を青からピンクに変える方法を学びます。

［色相・彩度］は、［色相］［彩度］［明度］を調整して、画像の色調を調整する機能です。

画像全体の調整はもちろん、特定の色味だけを変えることもできます。

［色相・彩度］は色合いを変えられる
とても便利な機能なので、
しっかりと使い方を理解しておきましょう！

SAMPLE DATA
3-6

［色相・彩度］とは

［色相・彩度］は、［色相］［彩度］［明度］を調整することで、画像の色調を調整する機能です。

［色相］は、赤、黄、緑、青のような色の違い、［彩度］は鮮やかさ、［明度］は明るさです。

画像全体の調整はもちろん、特定の色味だけを指定して変えることもできます。

［プロパティ］パネルの、❶［色相］、❷［彩度］、❸［明度］のスライダーを動かして調整します。

調整レイヤーを作る

1 練習用データ「**3_6.psd**」を開いてください。

[**レイヤー**]パネルの **❶** のボタンをクリックし、**❷**[**色相・彩度**]をクリックします。

[**レイヤー**]パネルに **❸**[**色相・彩度**]の調整レイヤーが作られます。

3つのスライダーの使い方

初めに使い方を覚えるために、3つのスライダーを動かしてみましょう。

1 **❶**[**色相**]のスライダーを左右に動かすと、画像の色相を変えることができます。

❷[**彩度**]のスライダーは、右に動かすと鮮やかになり、左に動かすとくすんでいきます。

❸[**明度**]のスライダーは、右に動かすと明るくなり、左に動かすと暗くなります。

使い方がわかったら、3つすべてを「0」の状態に戻してください。

❹をクリックすると初期設定の状態に戻せます。ここでは変えていませんが、[色相][彩度][明度]の3つのスライダー以外の設定も初期設定に戻ります。

特定の色だけを指定する

今回は背景の色だけを変えたいので、色をあらかじめ指定しておきます（色を選択すると、その色だけを調整できます）。

1 ❶指のアイコンをクリックすると、マウスポインタがスポイトに切り替わるので、❷背景をクリックします。

クリックした部分の色が❸に反映され、その色だけを編集できるようになります。ここでは[**シアン系**]になります。

色相と彩度を調整する

1 ❶[**色相**]のスライダーを一番左まで動かします。❷背景がピンクになります。

2 ❸[**彩度**]のスライダーを右に動かします。ここでは「**+45**」にしています。❹ピンクが鮮やかになります。

色相：-180

写真の背景だけを青からピンクに変えることができました！

色相：-180
彩度：+45

[カラーバランス]の操作法を学ぶ
青みがかった写真を補正しよう

[カラーバランス]という機能を使って、蛍光灯で変に青みがかってしまった写真を、実際の色味に補正する方法を学びます。

Before

After

[**カラーバランス**]は、写真全体の色を調整するのによく使われる機能です。

SAMPLE DATA
3-7

[カラーバランス]とは

[**カラーバランス**]は、画像の色のバランスを調整する機能です。

❶[**シアン・レッド**]、❷[**マゼンタ・グリーン**]、❸[**イエロー・ブルー**]の3つのスライダーを動かすことで色のバランスを調整します。

❹[**シャドウ**][**ハイライト**][**中間調**]いずれかの階調を指定し、特定の明るさだけを重点的に調整することもできます。

調整レイヤーを作る

1 練習用データ「3_7.psd」を開いてください。

2 [**レイヤー**]パネルの❶のボタンをクリックし、❷[**カラーバランス**]をクリックします。

[**レイヤー**]パネルに❸[**カラーバランス**]の調整レイヤーが作られます。

3つのスライダーの使い方

初めに使い方を覚えるために、3つのスライダーを動かしてみましょう。

1 ❶[**シアン・レッド**]のスライダーを左に動かすとシアンが、右に動かすとレッドが強くなります。

❷[**マゼンタ・グリーン**]のスライダーを左に動かすとマゼンタが、右に動かすとグリーンが強くなります。

❸[**イエロー・ブルー**]のスライダーを左に動かすとイエローが、右に動かすとブルーが強くなります。

使い方がわかったら、3つすべてを「0」の状態に戻してください。

特定の明るさだけを指定する

青みが気になる写真の明るい部分を補正します。

1 ❶[階調]を[**ハイライト**]にします。

これで明るい部分を重点的に調整できるように
なります。

2 青みがなくなるまで❷[**シアン・レッド**]の
スライダーを右に動かしてみましょう。こ
こでは「**+20**」にしています。

変に青みがかってしまった写真を、キレイに補
正することができました！

> [プロパティ]パネルで色を補正するスライダーの下に
> ❸[輝度を保持]というチェック項目があります。
> これは写真の明るさを保持するか否かの選択です。今
> 回は写真の明るさは変えたくないので、チェックを入
> れた状態にしておきます。

[2階調化]の操作法を学ぶ

写真をモノクロ2色に加工しよう

[2階調化]という機能を使って、写真を2色のイラスト風に加工する方法を学びます。
[2階調化]は、画像を白黒2色に変換する機能です。

Before

After

[2階調化]は輪郭や細部が際立った表現が
できるため、イラストやデザイン制作に
利用されることが多いです！

SAMPLE DATA
3-8

[2階調化]とは

2階調化とは、画像を白黒2色に変換する機能で
す。画像は白か黒、いずれかだけの状態になりま
す。

[プロパティ]パネルの、❶[しきい値]のスライ
ダーを左右に動かすことで、白と黒のバランス
を調整することができます。

プロパティ

2階調化

①

しきい値： 128

調整レイヤーを作る

1 練習用データ「**3_8.psd**」を開いてください。

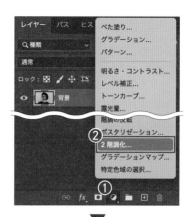

[**レイヤー**]パネルの❶のボタンをクリックし、❷[**2階調化**]をクリックします。

[**レイヤー**]パネルに❸[**2階調化**]の調整レイヤーが作られます。

白黒のバランスを調整する

1 ❶[**しきい値**]のスライダーを左右に動かし、白と黒の丁度良いバランスを探ります。ここでは、「**97**」にしています。

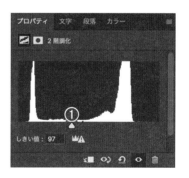

男性の写真が、2色のイラスト風になりました！

［特定色域の選択］の操作法を学ぶ

肌の色を自然な色に補正しよう

［特定色域の選択］という機能を使って、黄色みがかってしまった赤ちゃんの肌を、
自然な色に補正する方法を学びます。

Before

After

［**特定色域の選択**］は、微妙な色調補正をする
ときに便利な機能です。［**色相・彩度**］より
自然に色を変えることができます。

SAMPLE DATA
3-9

［特定色域の選択］とは

［**特定色域の選択**］とは、他の色に影響を与える
ことなく、特定の色だけを選んで補正すること
ができる機能です。

- -

［**プロパティ**］パネルで、補正したい色を❶［**カ
ラー**］で選択し、❷［**シアン**］［**マゼンタ**］［**イエ
ロー**］［**ブラック**］のスライダーを動かして色に
変化を加えます。

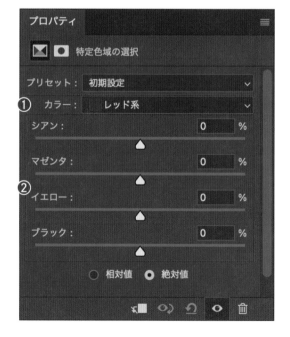

調整レイヤーを作る

1 練習用データ「**3_9.psd**」を開いてください。

[**レイヤー**]パネルの❶のボタンをクリックし、❷[**特定色域の選択**]をクリックします。

[**レイヤー**]パネルに❸[**特定色域の選択**]の調整レイヤーが作られます。

変える[カラー]を指定する

1 ❶[**カラー**]から、変えたい色を選択します。ここでは、黄色みがかった肌を補正したいので[**イエロー**]を選択します。

❷[**絶対値**]を選択します。

※[相対値]と[絶対値]については、P.084の『ADDITIONAL INFO』を参照してください。

ここでは、わかりやすく色を変えたいので[**絶対値**]を選択しています。

色を調整する

1 黄ばみを薄くしたいので、❶[**イエロー**]のスライダーを左に動かします。ここでは「**−35%**」にしています。

赤みを少し足したいので、❷[**マゼンタ**]のスライダーを少し右に動かします。ここでは「**+10%**」にしています。

黄色みがかった赤ちゃんの肌を、自然な色に補正することができました！

[相対値]と[絶対値]とは

[**プロパティ**]パネルの下部に、[**相対値**]または[**絶対値**]が選択できるオプションボタンがあります。

[**相対値**]では、スライダーで指定する%は、元の色に対する相対的な量になります。このため変化は少なめになります。
[**絶対値**]では、スライダーで指定する%は、絶対的な量になります。このため色を大幅に変化させることができます。

右図は、[カラー]を[イエロー系]、[シアン]を[+100]とし、[相対値]、[絶対値]だけ設定を変えた例。[相対値]より[絶対値]のほうが変化が大きいのがわかります。

[ポスタリゼーション]の操作法を学ぶ

写真をイラスト風に加工しよう

[ポスタリゼーション]という機能を使って、
ひまわりの写真をイラスト風に加工する方法を学びます。

Before

After

色やコントラストがはっきりした写真を
使うと、[**ポスタリゼーション**]の効果が
わかりやすくなります！

SAMPLE DATA
3-10

[ポスタリゼーション]とは

[**ポスタリゼーション**]は、画像の階調数を減らす機能です。画像の色数を減らし、大まかな色合いにすることで、絵の具で塗ったような効果を与えることができます。

❶[**階調数**]のスライダーを左右に動かして、階調数を指定します。

[**ポスタリゼーション**]は、写真をイラスト調に加工する手法としてよく用いられます。

調整レイヤーを作る

1 練習用データ「**3_7.psd**」を開いてください。

2 [**レイヤー**]パネルの❶のボタンをクリックし、❷[**ポスタリゼーション**]をクリックします。

[**レイヤー**]パネルに❸[**ポスタリゼーション**]の調整レイヤーが作られます。

階調数を指定する

1 ❶[**階調数**]のスライダーを左右に動かし、階調数を指定します。ここでは「**5**」にしています。

[**階調数**]は色数ではありません。
[**階調数**]とは、コントラストを何段階で表現するかを表した数です。
この数が大きいほど写真に近い表現になり、少なければイラストに近い表現になります。

ひまわりの写真を、イラスト風に加工することができました！

［スマートオブジェクト］について学ぶ

画質が劣化しないデータ作り

縮小、拡大、変形などを繰り返しても、画質が劣化しない［スマートオブジェクト］について、その特徴と使い方を学びます。

［スマートオブジェクト］の場合
縮小後、画質を劣化させずに元のサイズに拡大できる

縮小後、元のサイズに戻すと画質は劣化する
［スマートオブジェクト］ではない場合

画像の加工や補正を何度も繰り返すと、画質が劣化します。［スマートオブジェクト］にしておけば、画質を劣化させずに編集できます。

［スマートオブジェクト］とは

［スマートオブジェクト］は、右のような特徴がありますが、最大の特徴は、縮小、拡大、変形を繰り返しても、画質が劣化しないことです。
［スマートオブジェクト］化していない画像は、1度でも縮小すると画像が劣化してしまいます。
［スマートオブジェクト］は「画質が劣化しないレイヤー」と思ってよいでしょう。

［スマートオブジェクト］であっても、元画像より大きなサイズに拡大すると劣化してしまいます。元画像より大きくしないように注意しましょう。

［スマートオブジェクト］の特徴

- 縮小や拡大を繰り返しても綺麗な画質を保て。

- 色調補正やフィルターの値を調整できる。

- 1つの［スマートオブジェクト］を編集すると、アートボード内に配置されたすべてのコピーも自動的に変わる。

- 複数のレイヤー（画像、テキストなど）をまとめて1つの［スマートオブジェクト］に変換できる。（［スマートオブジェクト］内の情報は残る）。

- ［スマートオブジェクト］だけを別タブで開き、内容を個別に編集できる。

［スマートオブジェクト］に変換する

1 ［**レイヤー**］パネルの［**スマートオブジェク
ト**］に変換したいレイヤー上で、❶右クリック
します。

メニューが出るので、❷［**スマートオブ
ジェクトに変換**］をクリックします。

レイヤーのサムネール右下に❸🖼のマークがつ
いていれば、［**スマートオブジェクト**］に変換で
きています。

> 副ボタンの設定をしていない場合の❶は、「 control
> キーを押しながらクリックをする」、または「メニュー
> の［レイヤー］➡［スマートオブジェクト］➡［スマート
> オブジェクトに変換］をクリックする」ことで実行でき
> ます。

［スマートオブジェクト］を
画像レイヤーに変換する

スマートオブジェクトを1つの画像レイヤーに変
換するには、「ラスタライズ」します。

1 ［**レイヤー**］パネルの［**スマートオブジェ
クト**］から画像レイヤーに変換したいレイ
ヤー上で、❶右クリックします。

メニューが出るので、❷［**レイヤーをラス
タライズ**］をクリックします。

> ［スマートオブジェクト］やテキストレイヤーなど、画
> 像レイヤー以外のレイヤーをピクセル画像のレイヤー
> に変換することを「**ラスタライズ**」と呼びます。

［**スマートオブジェクト**］では、［**ブラシツー
ル**］を使った描画など、直接加工できません。
このため、必要に応じてラスタライズします。

スマートオブジェクトの使用例

■スマートフィルター

[**スマートオブジェクト**]にフィルターを適用しすると❶のように適用したフィルターが[**スマートフィルター**]として表示されます。

[**スマートフィルター**]では、適用量などの数値の調整、適用の削除、表示／非表示の切り替えが、何度でも修正できます。

※[フィルター]については、P.170を参照してください。

通常、画像レイヤーにフィルターを適用すると、[取り消し]（ヒストリーを含む）以外では、元に戻せなくなり、適用後に適用量を変えることはできません。

[**スマートオブジェクト**]に適用した色調補正（メニューの[**イメージ**]➡[**色調補正**]から実行する機能）も[**スマートフィルター**]として扱われます。フィルター同様に、適用量などの数値の調整、適用の削除、表示／非表示の切り替えができます。

■スマートフィルターを適用する手順

例として[**シャープ**]フィルターを適用してみましょう。

 [**レイヤー**]パネルで❶[**スマートオブジェクト**]を選択した状態で、メニューの❷[**フィルター**]➡[**シャープ**]➡[**シャープ**]をクリックします。

[**シャープ**]フィルターが[**スマートオブジェクト**]に適用され、[**レイヤー**]パネルの❸[**スマートオブジェクト**]に[**シャープ**]のスマートフィルターが表示されます。

他のフィルターや色調補正も、同様の手順でスマートフィルターを適用できます。

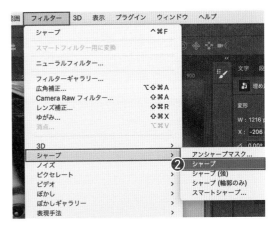

■複数のレイヤーをまとめる

複数のレイヤーを同時に選択して変換すると、1つの[**スマートオブジェクト**]に統合できます。

たとえば、❶人物画像の上に、花や蝶のレイヤーが重なった画像があるとします。

これらすべてのレイヤーを選択し、1つの[**スマートオブジェクト**]に統合することで、レイヤーがスッキリします。また、1つの[**スマートフィルター**]で統合したすべてのレイヤーに適用できます。

※[スマートオブジェクト]への変換方法は、P.088を参照してください。

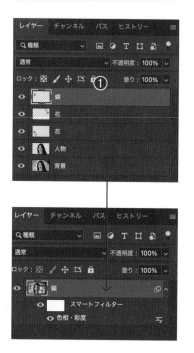

■[スマートオブジェクト]の元データを編集する

[**レイヤー**]パネルの❶[**スマートオブジェクト**]のサムネールをダブルクリックすると、別タブで[**スマートオブジェクト**]のデータを開くことができ、元のデータを編集できます。

[**スマートオブジェクト**]は便利な機能ですが、たくさん使うとデータが重くなります。本当に必要なレイヤーにだけ使うようにしましょう！

MISSION
04

—

選択範囲とマスク（切り抜き）を学ぼう

選択範囲とマスクを理解しよう

「選択範囲」は、画像の一部分を加工・補正するために指定する範囲のことです。

「マスク」は、画像の一部分だけを表示させることができる機能です。

選択範囲とマスクは、画像加工をする上で基本となる機能です。

まずは、選択範囲とマスクの特徴を理解しておきましょう。

選択範囲とは

「選択範囲」は、「**画像の一部を加工・補正するために指定する範囲**」のことです。
選択範囲を作ると、選択範囲は破線で表示されます。

選択範囲の境界線は黒白の破線で表示されます。

マスクとは

マスクとは、画像の一部分だけを表示させることができる機能です。
非表示部分を「削除」しているのではなく、「隠している」というのがマスクの特徴です。

マスクを使うと、元の画像を破壊せずに部分的に編集を行うこともできます。

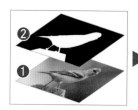

レイヤーマスクの例。❷の白い部分は❶の画像を表示し、❷の黒い部分は❶の画像を非表示（隠す）にします。これにより、❶の画像が❸のように切り抜いた写真のようになります。❷のマスクを修正すると隠れた部分を表示させることもできます。

マスクには、レイヤーマスク（P.098）、クリッピングマスク（P.111）、ベクトルマスクの3種類があります。それぞれの特徴を掴んで、シーンに合わせて使い分けましょう。

選択範囲とマスクを使って
できること

画像加工をする際に、選択範囲とマスクはセットで使われることが多いです。
この2つを使って具体的にどのようなことができるのか、具体例を紹介します。

背景を別の画像に差し替える

髪の毛をキレイに切り抜きする

画像を文字の部分だけ表示する

MISSION 04/02 選択範囲作成ツールの種類

選択範囲を作るツールを学ぼう

Photoshopには、選択範囲を作るためのツールが10種類あります。
シーンによって使い分けることで、複雑な選択範囲も作ることができます。
それぞれの選択ツールに、どのような特徴があるのか学びましょう。

選択ツールはケースバイケースで
使い分けが必要です。ここでは
選択ツールの種類と特徴、使い方を解説します。

選択ツールの種類

選択範囲を作るツールは、
❶「図形の選択範囲を作るツール」
❷「フリーハンドで選択範囲を作るツール」
❸「自動で選択範囲を作るツール」
の3つのグループに分かれています。

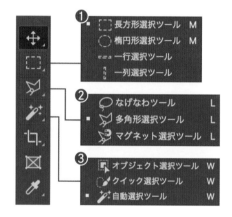

❶
- 長方形選択ツール　M
- 楕円形選択ツール　M
- 一行選択ツール
- 一列選択ツール

❷
- なげなわツール　L
- 多角形選択ツール　L
- マグネット選択ツール　L

❸
- オブジェクト選択ツール　W
- クイック選択ツール　W
- 自動選択ツール　W

図形で選択範囲を作るツール

 長方形選択ツール　使用頻度：★★★

ドラッグで長方形の選択範囲を作ります。
shift キーを押しながらドラッグすると正
方形の選択範囲になります。

⋯⋯⋯⋯⋯⋯⋯⋯⋯⋯⋯⋯⋯⋯⋯⋯⋯⋯⋯⋯⋯

※ [長方形選択ツール] の操作方法は、P.098を参考
　にしてください。

作りたい長方形の選択範囲の対角線を描くようにドラッグします。

◌ 楕円形選択ツール　使用頻度：★★

ドラッグで丸形の選択範囲を作ります。
[shift]キーを押しながらドラッグすると正
円の選択範囲になります。

作りたい丸形の選択範囲に外接する長方形の対角線を描くよう
にドラッグします。

▦ 一行選択ツール　使用頻度：★

クリックした箇所の横1行（1ピクセル分）
の選択範囲が作れます。

▦ 一列選択ツール　使用頻度：★

クリックした箇所の縦1列（1ピクセル分）
の選択範囲が作れます。

選択範囲を追加するときは、[shift]キーを押
しながら選択範囲を作ります。重なった部分
は結合されます。
選択範囲を削りたいときは、[option]（[alt]）
キーを押しながら、削りたい部分に選択範囲
を作ります。
P.099の『ADDITIONAL INFO』を参照してく
ださい。

フリーハンドで
選択範囲を作るツール

マウスポインタがドラッグした軌跡がそのまま選択範囲の境界になります。

なげなわツール 　使用頻度：★★★

ドラッグして囲むことで、ざっくりした曲線の選択範囲を作れます。

多角形選択ツール 　使用頻度：★★★

クリックした点と点を直線で結ぶことで、直線的な多角形の選択範囲を作れます。

※［多角形選択ツール］の操作方法は、P.100を参考にしてください。

マグネット選択ツール 　使用頻度：★

選択したい範囲をなぞると、画像の境界線に合わせて選択範囲が作られます。
磁石のように、境界線に引っつくイメージです。

［マグネット選択ツール］と［クイック選択ツール］で自動判別する境界（境界線）とは、大まかにいうと色の変化が大きい部分のことです。例では、花やさくらんぼと背景の境界を自動で判別しています。

ここで紹介している10種類の選択ツール以外にも、［**被写体を選択**］（P.104）や［**選択とマスク**］（P.113）といった、AI機能を使った便利な選択方法があります。

自動で選択範囲を作るツール

オブジェクト選択ツール 使用頻度：★★★

AIがオブジェクトを認識して選択範囲を作るツールです。オブジェクトの境界が分かりやすい画像に使えます。

❶マウスポインタをオブジェクトに重ねると、AIがオブジェクトとして認識している範囲の境界の色が変わります。クリックで選択範囲を作ってくれます。
❷オブジェクトをドラッグで囲むと、その範囲にあるオブジェクトの選択範囲を作ってくれます。

※［オブジェクト選択ツール］の操作方法は、P.102を参考にしてください。

クイック選択ツール 使用頻度：★★★

クリックまたはドラッグした部分周辺（外側）の境界まで広げた選択範囲を、自動で作ります。

自動選択ツール 使用頻度：★★★

クリックした部分の色と近似する色の部分を、まとめて選択範囲にできます。

背景をクリックすると、背景部分を選択できます。

［長方形選択ツール］の操作とレイヤーマスクを学ぶ

画像の一部だけを表示させよう

［長方形選択ツール］と「レイヤーマスク」を使って、画像の一部分だけを
表示させる方法を学びます。額縁の中の絵だけを表示させてみましょう。

Before

After

選択ツールとレイヤーマスクは
セットで使うことが多いです。
まずは基本の使い方をマスターしましょう。

SAMPLE DATA
4-3

選択範囲を作る

1 練習用データ「4_3.psd」を開いてください。

❶［**長方形選択ツール**］を選択します。

❷ドラッグで額縁の中の絵を選択します。

拡大表示すると選択しやすくなります。
ドラッグし直すと、選択範囲を作り直せます。
選択範囲外をクリックすると選択が解除され
てしまうので注意してください。

レイヤーマスクを作る

選択範囲が作れたら、レイヤーマスクを作り、選択範囲以外の部分を非表示にします。

1 ［**レイヤーパネル**］の❶のアイコンをクリックします。

画像の一部分だけ表示することができました！

選択範囲の追加と一部削除

選択範囲を修正したいとき、新しい選択範囲を重ねることで、選択範囲を追加したり一部削除（範囲から除外すること）したりできます。

`shift`キーを押しながら選択範囲を重ねると、選択範囲を追加できます。

`option`（`alt`）キーを押しながら重ねると、選択範囲を削除できます。

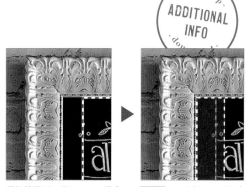

選択範囲が不足している場合は、`shift`キーを押しながら追加選択します。

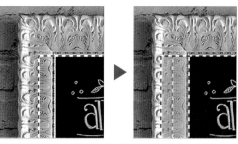

選択範囲が大きすぎる場合は、`option`（`alt`）キーを押しながら一部削除します。

［多角形選択ツール］の操作と［べた塗りレイヤー］を学ぶ

背景を1色で塗りつぶそう

［多角形選択ツール］と［べた塗りレイヤー］を使って、画像の背景を
1色で塗りつぶす方法を学びます。画像内の空を選択して、べた塗り表現にします。

［**多角形選択ツール**］で選択範囲を作成し、
その選択範囲を［**べた塗りレイヤー**］で
塗りつぶす方法を解説します。

SAMPLE DATA
4-4

選択範囲を作る

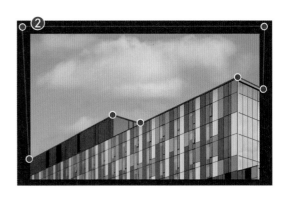

1 練習用データ「**4_4.psd**」を開いてください。

❶［**多角形選択ツール**］を選択し
ます。

❷建物と空の境界線をクリックで繋いで、
空の部分を選択します。

拡大表示すると選択しやすくなります。
［**長方形選択ツール**］と同様に、 shift キー
で選択範囲を追加、 option （ alt ）キーで選
択範囲を減らすことになります。

［多角形選択ツール］の操作中、 delete キーを押すと
直前のクリックを取り消せます。最後にダブルクリッ
クにするか、開始点を再クリックすると選択範囲が作
られます。

［べた塗りレイヤー］を作る

選択範囲が作れたら、［べた塗りレイヤー］を作ります。

1 ［**レイヤーパネル**］の❶のアイコンをクリックし、❷［**べた塗り**］をクリックします。

2 ❸［**カラーピッカー**］が開くので、好きな色を選択します。ここでは❹「**#92d2ed**」にしています。［**カラーピッカー**］の［**OK**］をクリックして閉じます。

※［カラーピッカー］の操作方法は、P.152を参考にしてください。

［**レイヤー**］パネルに［**べた塗りレイヤー**］が作られます。
画像の背景を、1色で塗りつぶすことができました！

［**べた塗りレイヤー**］の塗り色を変えるには、❺カラーのサムネールをダブルクリックします。［**カラーピッカー**］が開くので、新しい色を指定します。

［べた塗りレイヤー］とは、カンバスを1色で塗りつぶすことができるレイヤーです。
選択範囲を作ってから［べた塗りレイヤー］を作ることで、レイヤーマスクが適用された［べた塗りレイヤー］を作ることができます。

レイヤーマスクを修正する

レイヤーマスクを修正するときは、［**レイヤー**］パネルで❶マスクのサムネールをクリックして選択します。修正箇所の選択範囲を新たに作り、［**ブラシツール**］や［**塗りつぶし**］機能で塗りつぶすと修正できます。
黒で塗りつぶした箇所は非表示、白で塗りつぶした箇所は表示されます。

オブジェクトを選択&切り抜きしよう

［オブジェクト選択ツール］の具体的な使い方を学びます。

写真の3つのりんごを選択し、レイヤーマスクを使って切り抜きします。

Before

After

デザインの現場でよく使われるテクニック
「切り抜き」の基本操作です。
しっかりマスターしておきましょう。

SAMPLE DATA
4-5

3つのりんごの選択範囲を作る

1 練習用データ「**4_5.psd**」を開いてください。

❶［**オブジェクト選択ツール**］を
選択します。

❷りんごの上にマウスポインタを重ねる
と、選択できる範囲がピンクで表示される
ので、❸クリックして選択範囲を作ります。

［**オブジェクト選択ツール**］は、背景とオブ
ジェクトの境界がわかりやすい画像に向いて
います。境界があいまいな画像には不向きな
ので、別の選択方法を使いましょう。

2 選択範囲ができたら、❹❺残り2つのりんごをそれぞれ shift キーを押しながらクリックします。

shift キーを押しながらクリックすることで、複数のオブジェクトを選択することができます。

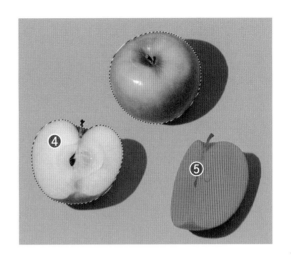

レイヤーマスクを作る

選択範囲が作れたら、レイヤーマスクを作り、選択範囲以外の部分を非表示にします。

1 [**レイヤーパネル**]の❶のアイコンをクリックします。

[**オブジェクト選択ツール**]を使って、3つのりんごを切り抜くことができました！

[オブジェクト選択ツール]のもうひとつの使い方

[**オブジェクト選択ツール**]は、オブジェクトをクリックで選択する方法以外に、ドラッグで囲む選択方法もあります。
ドラッグで囲んだ範囲内から、自動でオブジェクトを検出して選択範囲を作ってくれます。

[長方形選択ツール]と同様に、対角線を描くようにドラッグして囲みます。

[被写体を選択]の操作を学ぶ

人物の背景を差し替えよう

[被写体を選択]機能を使って人物の選択範囲を作り、
背景を別の画像に差し替える方法を学びます。

[被写体を選択]は写真内の被写体を
AIが識別し、その選択範囲を
すばやく作ってくれる便利な機能です。

SAMPLE DATA
4-6

人物の選択範囲を作る

1 練習用データ「4_6.psd」を開いてください。

❶[**レイヤー**]パネルで対象のレイヤー（こ
こでは「**人物**」レイヤー）を選択し、メニュー
の[**選択範囲**]➡[**被写体を選択**]をクリッ
クします。

[**被写体を選択**]は、被写体が1つで境界線が
分かりやすい画像に向いています。
髪の毛のような複雑な形状を含む被写体の
場合は、[**選択とマスク**]（P.113）を組み合わ
せて使ってみましょう。

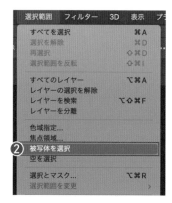

画像内のオブジェクト（人物）が、自動で選択されます。

 ［被写体を選択］は、Photoshopのアップデートにより、年々その精度が上がってきています。人物画像を切り抜く際は、まず［被写体を選択］を試してみるのがオススメです。

背景を差し替える

選択範囲が作れたら、レイヤーマスクを作り、背景写真を人物の下に配置します。

1 ［**レイヤーパネル**］の**❶**のアイコンをクリックします。

2 **❷**練習用データの「**4_6_back.png**」を、ドラッグでアートボードに配置します。

「4_6_back.png」がアートボードに配置されました。

3 ［**レイヤーパネル**］で、**❸**「**4_6_back**」レイヤーの位置を、人物の下に移動します

背景を別の画像に差し替えることができました！

[ペンツール]の操作と[(パスから)選択範囲を作成]を学ぶ

パスから選択範囲を作ろう

[ペンツール]の基本的な使い方と、パスから選択範囲を作って切り抜く方法を学びます。
パスとは、[ペンツール]や図形作成ツールを使って描く線のことです。

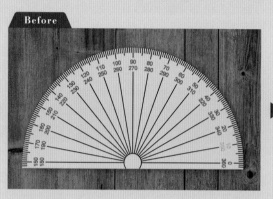

Before

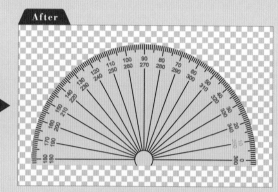

After

パスは、切り抜きや塗りつぶしをするための
ガイドライン、いわば「下書き」のような
存在です。

SAMPLE DATA
4-7

パスとは

「パス」は、[ペンツール]や図形作成ツール(シェイプツール)を使って描く線です。

パスは描画や切り抜きなどの操作をするための下書きのようなものです。そのため、パスが画像の見た目に直接影響することはありません。

パスは、「アンカーポイント」(点)、「セグメント」(辺)、「方向線」、「ハンドル」の4つの要素で構成されます。
[ペンツール]でパスを描くときは、この4つの要素の役割を理解しておくことが重要です。

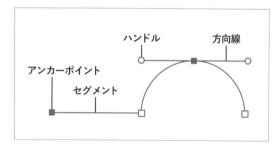

ハンドル　方向線
アンカーポイント
セグメント

パスのうち、セグメントが、切り抜きや塗りつぶしのガイドライン(下書き)となります。
アンカーポイントとハンドルは、セグメントの位置、直線や曲線の形状を指定するための制御点です。

ペンツールの基本的な使い方

直線を描く

1 ❶［**ペンツール**］を選択します。

オプションバーで❷［**モード**］を［**パス**］にします。

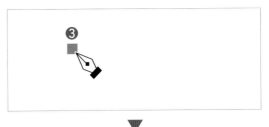

2 ❸クリックすると点（アンカーポイント）が作られます。

❹もう一箇所クリックすると、さらに点が追加され、❺点と点の間の直線（セグメント）を作ることができます。

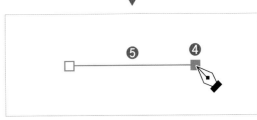

❻終点として始点にマウスポインタを合わせると、ポインタ右下に「○」のマークが表示されます。ここをクリックすることで、パスを繋ぐことができます。

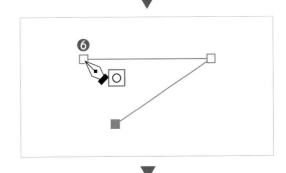

 ［shift］キーを押しながら点（アンカーポイント）を作ると、直前にクリックしたアンカーポイントに対し、水平、垂直、斜め45°のセグメントを作ることができます。

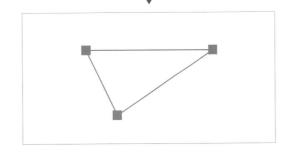

曲線を描く

1 ［**ペンツール**］で❶クリックして点（アンカーポイント）を作ります。

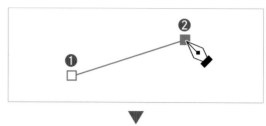

❷次の点はクリックではなく長押しし、そのままドラッグするとハンドルが出現します。そのままドラッグで、方向線の向きと長さを調整して曲線を描きます。

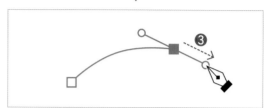

曲線と直線を描く

曲線と直線が繋がるコーナーにするには、ハンドルを操作する必要があります。

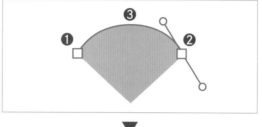

1 ［**ペンツール**］で❶❷の順に点（アンカーポイント）を作って❸の曲線を描き、続けて option （ alt ）キーを押しながら、❹のハンドルを、❺直線に重なる方向に動かします。

ハンドルの角度を直線に重ねることで、曲線から直線に繋げることができます。

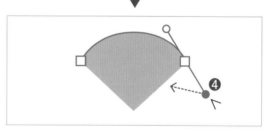

  ［**パス選択ツール**］を使えば、後からでもアンカーポイントやハンドルの位置を編集できます。

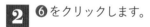

2 ❻をクリックします。

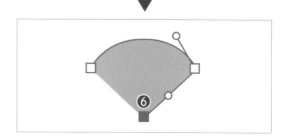

パスを作る

ペンツールで作ったパスから、選択範囲を作る方法を学んでいきます。分度器の輪郭に沿ってパスを作り、選択範囲を作りましょう。

1 練習用データ「**4_7.psd**」を開いてください。

2 ❶［**ペンツール**］を選択します。

始めに❷直線部分のパスを作ります。

直線部分ができたら❸→❹→❺→❻と曲線部分のパスを繋げて作ります。

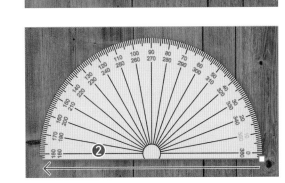

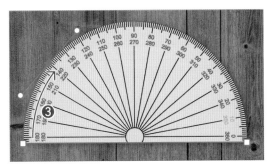

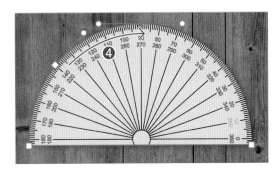

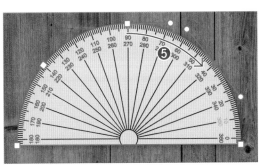

パスから選択範囲を作る

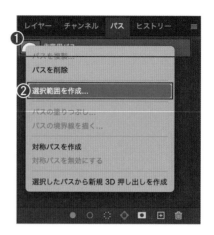

パスが作れたら、パスから選択範囲を作ります。

1 [**パス**]パネルの❶作ったパス(「**作業用**」パス)を右クリックし、❷[**選択範囲を作成**]をクリックします。

2 [**選択範囲を作成**]画面が表示されるので、下記の設定したら[**OK**]をクリックします。
❸[**ぼかしの半径**]:「**0**」pixel
❹[**アンチエイリアス**]:チェックを入れる
❺[**選択範囲**]:[**新しい選択範囲**]を選択

[ぼかしの半径]は、選択範囲の境界を指定の数値分ぼかすことができます。「0」がぼかしナシの状態です。
[アンチエイリアス]は、チェックを入れると、斜線や曲線などに発生する微妙なギザギザを目立たなくすることができます。

選択範囲を作ることができました。

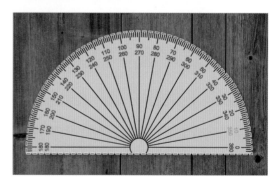

選択範囲ができたら、レイヤーマスクをかけて「分度器」を切り抜いてみましょう。

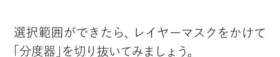

※レイヤーマスクの作り方は、P.099を参考にしてください。

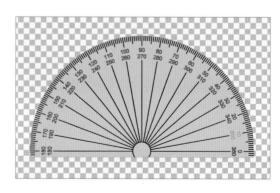

クリッピングマスクを学ぶ

画像を文字部分だけ表示させよう

クリッピングマスクを使って、画像を文字の部分だけ表示する方法を学びます。
クリッピングマスクは、レイヤーの透明部分を利用したマスク機能で、
画像を切り抜いたように見せることができます。

Before

After

クリッピングマスクは、
グラフィックデザインの現場で
よく使われる手法です。

SAMPLE DATA
4-8

クリッピングマスクとは

クリッピングマスクとは、レイヤーの透明部分を
利用して、直上にあるレイヤーにマスクを適用
できる機能です。
下のレイヤーの不透明部分の形で、上のレイ
ヤー画像を切り抜いたように見せることができ
ます。

右図では、下のレイヤー（❶「Leaf」）の不透明
部分の形に合わせて、❷❸葉の写真（「背景」）
が、切り抜かれたように見えます。

画像と文字を用意する

まずは写真の上に文字を配置します。

1 練習用データ「4_8.psd」を開いてください。

❶[横書き文字ツール]で文字を
配置します。❷ここでは「Leaf」
としています。

※[横書き文字ツール]を使った文字の配置方法は、
　P.133～を参考にしてください。

2 [レイヤー]パネルで、❶文字のレイヤーを
画像レイヤーの下に移動します。

クリッピングマスクを作る

1 [レイヤー]パネルで、❶画像レイヤーを右
クリックし、❷[クリッピングマスクを作成]
をクリックします。

画像を文字の部分だけ表示することができまし
た。

クリッピングマスクを作ると、レイヤーの横
に❸矢印のマークがつきます。クリッピング
マスクを解除したい場合は、画像レイヤーを
右クリックし[クリッピングマスクを解除]を
クリックします。

［選択とマスク］を学ぶ
髪の毛を綺麗に切り抜こう

［選択とマスク］機能を使って、髪の毛を綺麗に切り抜く方法を学びます。
［選択とマスク］は、髪の毛や動物の毛など、複雑な形状を切り抜く際に
よく使われる機能です。

［選択とマスク］を使うと、
髪の毛のような細かいものも
きれいに切り抜くことができるんです。

SAMPLE DATA
4-9

［選択とマスク］ワークスペースを開く

1 練習用データ「**4_9.psd**」を開いてください。

❶［**長方形選択ツール**］を選択し、❷オプ
ションバーの［**選択とマスク**］をクリックし
ます。

ここでは［**長方形選択ツール**］のオプション
バーにある［**選択とマスク**］をクリックしてい
ますが、選択ツールどれでも［**選択とマスク**］
が表示されます。

［選択とマスク］は、髪の毛や動物の毛など、複雑な形
状を切り抜く際によく使われる機能です。
［選択とマスク］ワークスペースで、選択範囲の境界線
を細かく調整し、マスクを適用することができます。

［**選択とマスク**］のワークスペースが開きます。

❸左側のツールで、選択
範囲を作成・調整します。
❹右側のパネルでは、画
面の表示方法や、選択後
の処理などの設定が行え
ます。

［**選択とマスク**］のワーク
スペースでよく使うツー
ルを紹介します。

クイック選択ツール

 通常画面のツールにある［**クイック選択**
ツール］と同じく、クリック・ドラッグし
た箇所の境界線を自動で検出し選択範囲を作っ
てくれるツールです。

 ［**選択とマスク**］ワークスペースのツールに
［**ズームツール**］がありますが、［**選択とマ**
スク］ワークスペース内でも、⌘（ctrl）、
space、option（alt）キーを併用したズーム
操作ができます。

境界線調整ブラシツール

 なぞることで、髪の毛などの複雑な形の
境界線を、自動で調整してくれるツール
です。

ブラシツール

 自分でなぞった箇所を確実に選択・解除
できるツールです。

［被写体を選択］でざっくりとした選択範囲を作る

1 ［**選択とマスク**］ワークスペースのオプショ
ンバーにある、❶［**被写体を選択**］をクリッ
クします。

これで画像の中の人物をざっくりと選択することができました。

❷ よく確認すると、まだ髪の毛の部分がキレイに切り抜けていないのがわかります。

被写体の境界がわかりやすいので[**被写体を選択**]を使いましたが、境界がわかりにくいときは、事前に他のツールで選択範囲を作っておきましょう。

❸[表示モード]を[オーバーレイ]、[不透明度]を「100」%にしています。

髪の毛の境界線を調整する

1 ❶[境界線調整ブラシツール]を選択します。

❷ 綺麗に選択できていない髪の毛をなぞります。

ブラシのサイズや硬さは、オプションバーで設定できます。

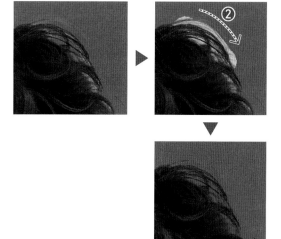

［選択とマスク］を終了する

1 ❶[OK]をクリックすると選択範囲にマスクが適用された状態になります。

髪の毛をキレイに切り抜くことができました。

※レイヤーマスクが作られず、破線の選択範囲として表示された場合は、P.099を参考にレイヤーマスクを作ってください。

［選択とマスク］の［不要なカラーの除去］

今回は元画像の背景が明るいので、「明るい背景」に合成するときはこのままでもキレイに合成することができます。しかし、「暗い背景」に合成する場合は髪の毛の色が浮いてしまします。

このようなときは、［選択とマスク］ワークスペースを終了する前に、［出力設定］にある［**不要なカラーの除去**］にチェックを入れましょう。変に浮いてしまう色を自動で抑えてくれます。

［不要なカラーの除去］のチェックを外して出力した画像に、暗い背景を合成しています。

［不要なカラーの除去］のチェックを入れて出力した画像に、暗い背景を合成しています。

MISSION

05

–

図形と文字とブラシを学ぼう

図形と文字とブラシでできること

Photoshopを使ったデザイン制作でよく使われる、図形（シェイプ）、文字、ブラシの
3つについて学びます。Photoshopはシェイプと呼ばれる図形を描いたり、
文字を装飾したり、ブラシで絵を描いたりと、さまざまなことができます。

図形・文字・ブラシは
バナーなどのデザインを作るときに
よく使う機能です。

図形（シェイプ）を使ってできること

図形（シェイプ）は、Photoshopで扱えるベクター
画像です。シェイプ専用ツールを使うと、長方
形（角丸なし、角丸つき）、円形、多角形や、あら
かじめ登録されているさまざまな形状の図形を、
簡単に描くことができます。

※図形（シェイプ）については、P.120〜で解説しています。

基本的な図形は、図形専用ツールで簡単に描けます。

基本的な図形を組み合わせて吹き出しを作ることができます。

文字を使ってできること

Photoshopでは、テキストツールを使うと文字
属性を持った文字を配置できます。文字属性を
持ったまま、変形などもできます。

※文字入力・編集については、P.133〜で解説しています。

変形しても文字属性を持ったままなので、文字内容、フォント
なども変えることができます。

装飾 ↱

装飾　装飾

装飾　装飾

文字属性を持ったままなさまざまな飾りつけもできます。

金属のような塗りも設定できます。

ブラシを使ってできること

[**ブラシツール**]などの描画ツールを使うと、イラストを描くように描画できます。ブラシ形状を指定することで、筆や色鉛筆、パステル、木炭などの画材道具、特殊な筆先などを指定して自由に描画できます。

※[ブラシツール]については、P.146〜で解説しています。

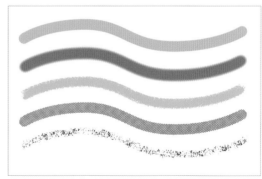

さまざまな筆先を使って描画を試しています。

[ブラシツール]を使うと、写真に描画することもできます。

図形の特徴、図形作成ツールの種類、図形の編集を学ぶ

図形（シェイプ）の基礎を学ぼう

Photoshopでは、シェイプと呼ばれる図形を作ることができます。
ここでは図形（シェイプ）の基礎と図形を作るツールについて学びます。
図形を作るためのツールは全部で6種類あります。

図形（シェイプ）ツールでは、
四角や円などのシンプルな図形はもちろん、
複雑な形のモチーフを描くこともできます。

図形とは

図形（シェイプ）は、Photoshopで扱えるベクター画像です。図形専用ツールを使って描画します。図形には右のような特徴があります。

本書では、「シェイプ」のことを「図形」と呼んでいます。

- 「塗り」と「線」を設定できる。
- 「塗り」として、べた色、グラデーション、パターンを指定できる。
- 「線」には線種（実線、点線など）、線幅、線色が指定できる。線色には、べた色、グラデーション、パターンを指定できる。
- 縮小や拡大を繰り返しても綺麗な画質を保てる。
- Photoshopの一部機能を適用できない。
- ラスタライズすることで画像レイヤーに変換できる。

図形作成ツールの種類

❶図形を作るためのツールは全部で6種類あります。各ツールは❷[**長方形ツール**]を長押しすることで表示されます。

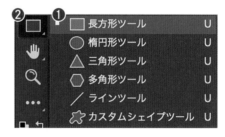

6つのツール以外に、[**ペンツール**]で自由な形の図形を作ることができます。
ペンツールで図形を作るには、オプションバーの[**モード**]で[**シェイプ**]を選択します。

図形作成ツールの使い方

[長方形ツール]で描く

❶[**長方形ツール**]、❷[**楕円形ツール**]、❸[**三角形ツール**]は基本的な操作方法は同じなので、ここでは[**長方形ツール**]を例にします。

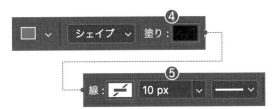

オプションバーで[塗り]を黒、[線]で[カラーなし]に設定しています。

 1 ❶[**長方形ツール**]を選択します。

オプションバーで❹[**塗り**]、❺[**線**]（色、幅、線種）を設定します。

❻ドラッグで描画します。

> [shift]キーを押しながら描画すると、正方形、正円、正三角形を作れます。
> [option]（[alt]）キーを押しながら描画すると、ドラッグ開始点が中心になる図形になります。
> [shift]キーや[option]（[alt]）キーを押しながら描画するときは、描画が終わるまでキーを押し続けるようにしましょう。

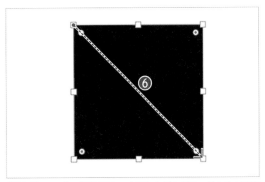

[長方形ツール]で[shift]キーを押しながらドラッグすると正方形になります。

 2 作りたいサイズが決まっているときは、[**長方形ツール**]を選択し、カンバスをクリックします。

[**長方形を作成**]画面が出るので、❼作りたいサイズの[**幅**]と[**高さ**]入力し、[**OK**]をクリックします。

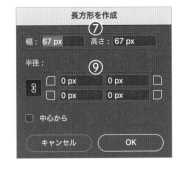

> [長方形ツール]と[三角形ツール]は、角の丸みを設定できます。オプションバーの❽、または[長方形を作成]画面の❾に数値を入力するか描画後に表示される❿角丸のハンドルを内側にドラッグします。

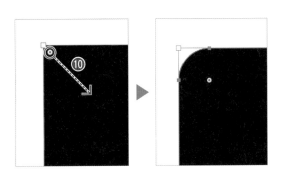

［多角形ツール］で描く

❶［多角形ツール］は、使い方は［長方形ツール］は同じですが、オプションバーで設定できる項目が違います。

オプションバーでは、塗りや色の他に、❷［角数］❸［角の丸みの半径］、さらに❹［設定］のオプションとして、❺［星の比率］、❻［星のくぼみの滑らかさ］を設定できます。

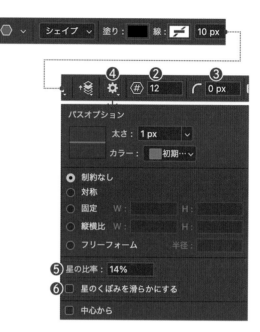

shift キーや option（ alt ）キーを併用した操作は［長方形ツール］と同様です。
ドラッグではなくクリックして、作成画面にサイズを入力しても描画できます。

❷角数：6
❸角の丸みの半径：0
❺星の比率：100%
❻星のくぼみの滑らかさ：
　　　　　チェックを外す

❷角数：5
❸角の丸みの半径：0
❺星の比率：50%
❻星のくぼみの滑らかさ：
　　　　　チェックを外す

❷角数：10
❸角の丸みの半径：20
❺星の比率：80%
❻星のくぼみの滑らかさ：
　　　　　チェックを入れる

❷角数：20
❸角の丸みの半径：0
❺星の比率：15%
❻星のくぼみの滑らかさ：
　　　　　チェックを外す

［ラインツール］で描く

❶［ラインツール］は、直線を描くためのツールです。❷ドラッグで描画します。

shift キーを押しながらドラッグすると、水平、垂直、斜め45度の直線を描くことができます。

shift キーを押しながらドラッグして、水平の直線を描きました。

［カスタムシェイプツール］で描く

❶［カスタムシェイプツール］は、動物や花といったモチーフの形を描画できます。
オプションバーの❷［シェイプ］から好きな図形を選んで、❸ドラッグで描画します。

shift キーや option （ alt ）キーを併用した操作は［長方形ツール］と同様です。
ドラッグではなくクリックして、作成画面にサイズを入力しても描画できます。

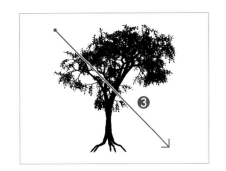

自作の図形を登録して使う

登録したい形状のパスを作ったら、❶［パス選択ツール］に切り替えてパスを選択します。
右クリックして❷［カスタムシェイプを定義］をクリックすると、カスタムシェイプとして登録できます。

登録したカスタムシェイプは、［カスタムシェイプツール］のオプションバーの［シェイプ］で選ぶことができます。

Photoshop ADDITIONAL INFO Photoshop

図形を移動・変形する

作成済みの図形を移動・変形するときは、[**移動ツール**]を使います。

1 ❶[**移動ツール**]を選択します。

❷そのままドラッグすると移動できます。

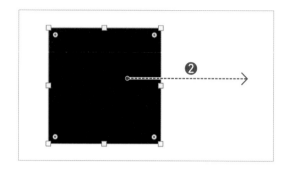

『**MISSION 02-04** 初めにしておきたい初期設定』(P.034)で、[移動ツール]のオプションバーの[自動選択(レイヤー)]にチェックを入れています。このため、対象の図形のレイヤーを選択しなくても移動できます。

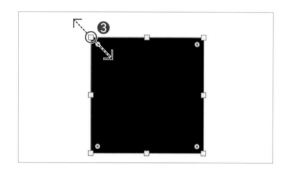

2 変形(拡大・縮小)するには、[**移動ツール**]で対象の図形をクリックして選択し、❸ハンドルをドラッグします。

『**MISSION 02-04** 初めにしておきたい初期設定』(P.034)で、[移動ツール]のオプションバーの[バウンディングボックスを表示]にチェックを入れています。このため、ハンドルが表示されることで、メニューの[**編集**] ➡[**パスを自由変形**]と同じ操作ができます。

shift キーを押しながらドラッグすることで、縦横比を固定するかどうかを切り替えられます。

3 回転するには、[**移動ツール**]で対象の図形をクリックして選択します。ハンドルから少し離れた場所にマウスポインタを移動すると❹ポインタが変わるので、ドラッグで回転します。

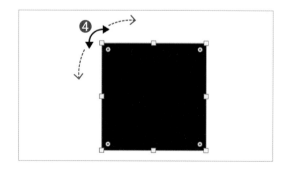

shift キーを押しながら回転すると、15°刻みで回転することができます。

図形の塗りと線を指定する

塗りを指定する

オプションバーの❶[塗り]をクリックすると、
設定画面が表示されます。

❷：ベタ塗り、グラデーション、パターンを選
　択します。

❸：クリックすると、カラーピッカーが開きます。

❹：用意されているプリセットを使って色指定
　できます。

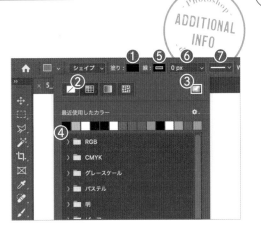

線を指定する

オプションバーの❺[線]をクリックすると、
設定画面が表示されます。

色の指定方法は、[塗り]と同じです。

❻は線の太さを指定します。

❼[線オプション]をクリックすると、❽線の
種類（実線、破線、点線）、❾角の形状、❿先
端の形状などが設定できます。

⓫[詳細オプション]をクリックすると、破線
間隔など、詳細な設定をができます。

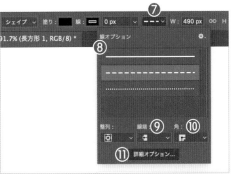

作った図形は整列させることができます。
[移動ツール]で整列させたい図形を複数選択します。[移
動ツール]のオプションバーの❶[整列と分布]をクリック
し、❷[整列]、❸[分布]、❹[均等に分布]の3つのカテゴ
リの中から目的のアイコンをクリックします。
位置を綺麗に揃えたいときや、均等に配置したいときに
使ってみましょう。

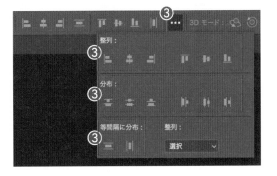

図形作成ツールの使い方と組み合わせ方法を学ぶ

図形で吹出しを作ろう

図形作成ツールで作った図形を使って「吹出し」を作る方法を学びます。
図形を何個か組み合わせて、「角丸（長方形）の吹出し」と「雲の形の吹出し」の
2種類を作ります。

After

角丸の吹出し

雲の形の吹出し

図形（シェイプ）ツールで描いた図形を
合体させて吹出しの形を作っていきます。

SAMPLE DATA
5-3

吹出しを作る前の準備

吹出しを作る前に、新規ファイルを作り、背景を
塗りつぶします。

1 ❶新規ファイルを作ります。

※新規ファイルの作り方はP.026を参照してください。

[幅]：「**1200**」px、[高さ]：「**742**」px、[解像度]：
「**300**」pxとしていますが、任意のサイズでか
まいません。

背景がわかりやすくなるように、[**べた塗りレイヤー**]を作って背景に色をつけます。

2 [**レイヤー**]パネルの❷ボタンをクリックし、❸[**べた塗り**]をクリックします。

3 ❹[**カラーピッカー**]が開くので、好きな色を選択します。ここでは「**#bfdbef**」にしています。[**カラーピッカー**]の[**OK**]をクリックして閉じます。

角丸長方形の吹出しのパーツを作る

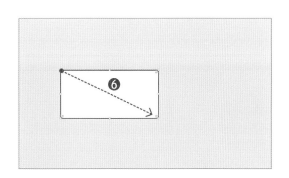

まずは角丸長方形の吹出しを作ります。

1 ❶[**長方形ツール**]を選択します。

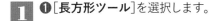

オプションバーで次のように設定します。
❷[**塗り**]：白
❸[**線**]：黒
❹[**線幅**]：「**3**」px
❺[**角の丸み**]：「**10**」px

❻ドラッグで吹出しの文字が入るパーツを描きます。

オプションバーの設定は、描いた後からでも変えることができます。

吹出しの方向を示すパーツを作ります。

2 ❼[**三角形ツール**]を選択します。

❻ドラッグで吹出しのくちばし（方向を示すパーツ）を描きます。

 shift キーを押してからドラッグを開始すると、先に作った長方形のレイヤー内に三角形も追加されてしまいます。
ここでは、別レイヤーで三角形を作りたいので、正三角形にする場合は、ドラッグ開始後に shift キーを押し始めてください。

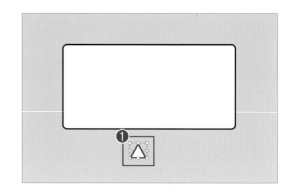

パーツの位置を整えて結合する

1 ❶[**移動ツール**]を選択します。

❷三角形を180°回転させ、角丸長方形と少し重なる位置まで移動します。

❸[**レイヤー**]パネルで、長方形のレイヤーと三角形のレイヤーを選択し、[**移動ツール**]のオプションバーの❹[**左右中央揃え**]をクリックします。

[**レイヤー**]パネルで、複数のレイヤーを選択するときは、 ⌘ （ ctrl ）キーを押しながらクリックで選択します。この作例の場合は、 shift キーを押しながらでも2つのレイヤーを選択できます。

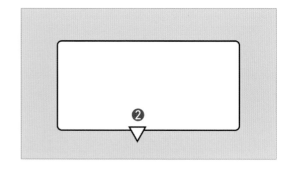

吹出しの2つのパーツが、左右中央揃えになりました。

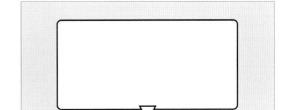

2 位置を調整できたら、❺[**レイヤー**]パネルで長方形のレイヤーと三角形のレイヤーを選択し、右クリックして❻[**シェイプを結合**]をクリックします。

シェイプを結合すると、2つのシェイプを1つに合体したシェイプにすることができます。

吹出しの2つのパーツを1つに結合できました。

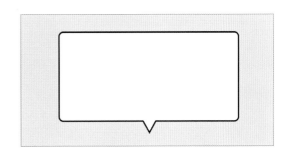

3 吹出しができたら、吹き出しの中に文字を入れてみましょう。

※文字の入力・配置・編集については、P.133～を参考にしてください。

これで完成です！

後から吹き出しの形を編集したいときは、[**パス選択ツール**]で、パスを編集します。
パスの編集方法についてはP.106～を参照してください。

雲の形の吹出しのパーツを作る

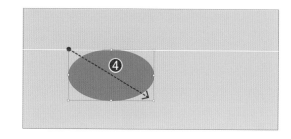

次は雲の形の吹出しを作ります。雲の形は、楕円を組み合わせて表現します。

1 ❶[楕円形ツール]を選択します。

オプションバーで次のように設定します。
❷[塗り]:「#4c9cd4」(好みでかまいません)
❸[線幅]:「0」px

❹ドラッグで楕円を1つ描きます。

ここでは[線幅]を「0」にして線をなしにしていますが、❺で[カラーなし]を指定しても線をなしにできます。

2 ❻[移動ツール]を選択します。

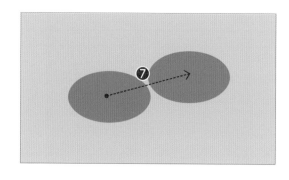

❼作った楕円を、[option]([alt])キーを押しながらドラッグします。これで楕円が複製できます。

[option]([alt])キーを押しながらドラッグでの複製は、ドラッグ開始より先に[option]([alt])キーを押し始めてください。

3 同様に[option]([alt])キーを押しながらドラッグを繰り返して楕円を6個くらい作り、これを重ねて❽雲の形にします。

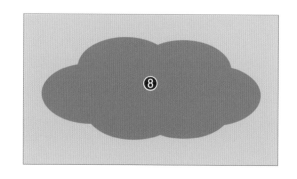

くちばしは［**ペンツール**］で描きます。

4 ⑨［**ペンツール**］を選択します。

オプションバーで⑩［**モード**］を［**シェイプ**］
に設定します。

⑪の曲線を描きます。

⑫のアンカーポイントを option （ alt ）キー
を押しながらクリックします。⑬方向線と
ハンドルが削除されます。

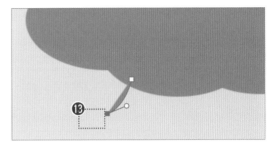

⑭の曲線を描きます。

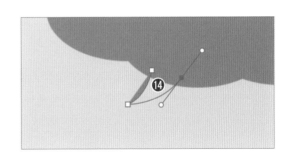

⑮始点をクリックして、始点と終点を結びま
す。

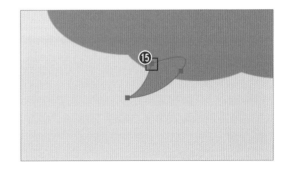

パーツの位置を整えて結合する

すべてのパーツができたら、必要に応じて位置を調整します。位置の調整は[**移動ツール**]で行います。必要であれば角度も調整しましょう。
❶右図のように位置が調整できたら結合します。

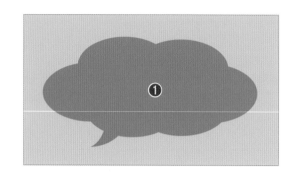

 1 位置を調整できたら、❷[**レイヤー**]パネルで、すべてのパーツ（楕円形のレイヤーとくちばしのレイヤー）を選択し、右クリックして❸[**シェイプを結合**]をクリックします。

べた塗りと背景のレイヤー、作成済みの角丸長方形の吹出しは選択しないでください。

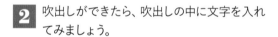

吹出しのパーツを1つに結合できました。

 2 吹出しができたら、吹出しの中に文字を入れてみましょう。

※文字の入力・配置・編集については、P.133〜を参考にしてください。

これで完成です！

[**レイヤー**]パネルで吹き出しと文字のレイヤーを選択し、⌘（ctrl）＋Gキーを押してグループ化しておくと、レイヤーが綺麗に整理され、編集しやすくなります。

MISSION 05/04

文字ツールを使って文字の入力と、文字の変形を学ぶ

文字の基礎を学ぼう

文字の入力方法と文字の変形について学びます。

Photoshopは、他の文字入力ソフトと同様に、フォントやサイズを指定して文字を入力できます。

文字を入力するには、
[**横書き／縦書き文字ツール**]を使います。
フォントやサイズは[**文字**]パネルで設定します。

文字とは

他の文字入力ソフトと同様に、フォントやサイズを指定して文字を入力できます。入力後でも色、フォント、サイズなどを自由に変えることができます。

Photoshopで扱える文字には右のような特徴があります。

- 色、フォント、サイズなどの文字属性を持った文字として入力できる。
- 段落設定（文字揃え、禁則処理など）の機能を持ち、文章の入力もできる。
- 入力した文字に対し、文字属性を持ったまま変形などを実行できる。
- ラスタライズすることで、画像と同様にさまざまな加工ができる。

文字入力関連ツールの種類

❶ 文字を入力するためのツールが2種類、❷ 字形の選択範囲を作成するマスクツールが2種類あります。

各ツールは❸[**横書き文字ツール**]を長押しすることで表示されます。

❷ の2つのマスクツールは画像を文字の形に切り抜くときに使うツールですが、使用頻度は低めです。

横書き文字ツールの使い方

[**横書き文字ツール**]と[**縦書き文字ツール**]の操作方法はほどんど同じなので、使用頻度が高い[横書き文字ツール」の使い方を説明します。

1 ❶[**横書き文字ツール**]を選択します。

❷ 文字入力したい場所をクリックするとカーソルが表示されるので、好きな文字を入力します。

文字の色やフォント、サイズの調整などはすべて❸[**文字**]パネルから行えます。

※[文字]パネルについてはP.052を参照してください。

❹ 改行したいときは、[return](メインキーの[enter])キーを押してください。

文字入力を完了するには、オプションバーの❺[○]をクリックします。

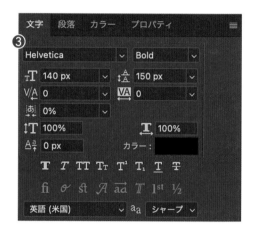

[enter]（テンキーの[enter]）キーを押す、または[**移動ツール**]などの他のツールに切り替えることでも入力を完了できます。

文字入力においては、[return]キーと[enter]キーでは効果が異なるので注意してください。
Macのキーボードの場合、本書ではメインキーにある[↵]を「[return]キー」、テンキーにある[⌤]を「[enter]キー」と表記します。
Windowsのキーボードの場合は、「メインキーの[enter]キー」、「テンキーの[enter]キー」と表記します。文字入力以外は、[return]キーと[enter]キーでともに同じ効果なので、本書では単に「[enter]キー」と表記しています。

文字を変形する

入力した文字は、オプションバーの❶[**テキスト
ワープ**]で変形することができます。

1 ❷[**横書き文字ツール**]を選択し
ます。 ❷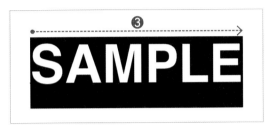

❸ドラッグして文字すべてを選択します。

2 オプションバーの❹[**ワープテキ
ストを作成**]をクリックします。 ❹

[**ワープテキスト**]画面が表示されます。❺
[**スタイル**]から好きなスタイルを選び、❻
それぞれの設定を調整しましょう。

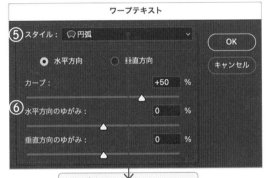

[テキストワープ]の変形例

スタイル：アーチ

スタイル：旗

スタイル：上昇

スタイル：魚形

横書き文字ツールで文章を入力する

［**横書き文字ツール**］で長めの文章を入力するときに便利な方法を紹介します。

1 ❶［**横書き文字ツール**］を選択します。

❷ドラッグで文章を配置する範囲を囲むように指定します。

好きな文章を入力します。

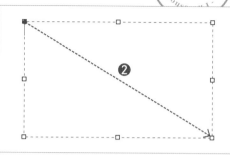

文字の色やフォントの調整、改行の方法、文字入力の完了方法などは、すべてクリックによる文字入力の場合と同じです。
段落ごとの設定に関しては［**段落**］パネルで調整します。
※［文字］パネルについてはP.052、［段落］パネルについてはP.053を参照してください。

テキストツールでハンドルをドラッグすると、枠の大きさを変えることができます。［移動ツール］でハンドルをドラッグすると、文字も含めた拡大・縮小になるので注意してください。

パスに沿った文字の配置

自分で作成したパスやシェイプに合わせて、文字を入力することもできます。
［**ペンツール**］などでパスを描いた後に、［**横書き文字ツール**］に切り替えパス上をクリックすると、パスの形に沿った文字を入力することができます。

［ペンツール］でパスを描きました。

［横書き文字ツール］でパス上をクリックし、文字を入力しました。

レイヤースタイルについて学ぶ
レイヤースタイルの基礎を学ぼう

レイヤースタイルについて学びます。
レイヤースタイルは、切り抜き画像に影をつけたり、文字を装飾したりするときによく使われます。

レイヤースタイルには10種類があり、
さらに複数のスタイルを重ねることが
できるので、さまざまな装飾表現ができます。

レイヤースタイルとは

「レイヤースタイル」は、レイヤーの不透明部分に「境界線をつける」や「影をつける」といった効果を与えることができる機能です。
切り抜き画像に影をつけたり、文字を装飾するときによく使われます。
レイヤースタイルには右のような特徴があります。

- レイヤーごとに設定する（レイヤーグループにも設定できる）。
- 10種類あり、さまざまな装飾表現ができる。
- 10種類の中から1つだけまたは複数のレイヤースタイルを適用できる。
- レイヤースタイルの表示／非表示、設定値を変えることが何度でもできる。

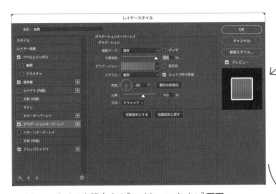

レイヤースタイルを設定する［レイヤースタイル］画面
レイヤースタイルを適用すると、文字部分（不透明部分）にレイヤスタイルが適用されます。右図は白フチとなる［境界線］、文字周辺に立体感を持たせる［ベベルとエンボス］、文字にグラデーションを重ねた［グラデーションオーバーレイ］、文字に影をつけた［ドロップシャドウ］を設定しています。

レイヤースタイルの種類

レイヤースタイルは全部で10種類あります。

ベベルとエンボス
立体的に見せる効果があります。

境界線
境界線を縁取る効果があります。

シャドウ（内側）
内側に影を落とす効果があります。

光彩（内側）
内側を光らせる効果があります。

サテン
光沢感を出せる効果があります。

カラーオーバーレイ
色をつける効果があります。

グラデーションオーバーレイ
グラデーションをつける効果があります。

パターンオーバーレイ
パターン（柄）をつける効果があります。

光彩（外側）
外側を光らせる効果があります。

ドロップシャドウ
影を落とす効果があります。

レイヤースタイルの設定方法

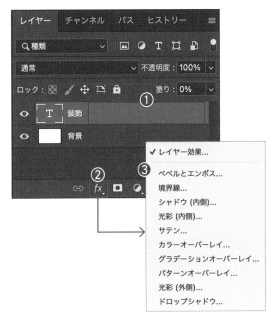

[レイヤースタイル]画面を開く

レイヤースタイルを設定するために[**レイヤースタイル**]画面を開きます。開く方法は次の2通りあります。

- [**レイヤー**]パネルで、❶レイヤースタイルを適用したいレイヤー名の右側をダブルクリックします。
- [**レイヤー**]パネルで、レイヤースタイルを適用したいレイヤーを選択します。❷[fx]ボタンをクリックし、❸メニューで設定したいスタイル名をクリックします。

レイヤー名右側をダブルクリックする方法は、何もないエリアをダブルクリックします。

レイヤースタイルを設定する

[**レイヤースタイル**]画面左側の❹スタイル欄から適用したいスタイル名をクリックで選択し、右側の❺で設定します。

右図ではスタイル欄で❻[**境界線**]を選択しています。

左側スタイル欄に10種類すべての項目が表示されないときは、[**レイヤースタイル**]画面左下の❼[fx]ボタンをクリックし、[**すべての効果を表示**]をクリックします。

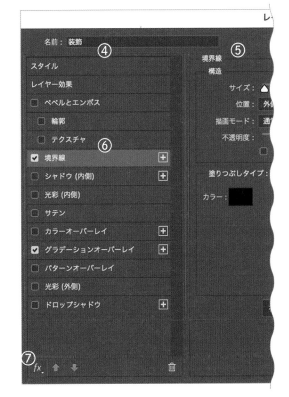

レイヤースタイルの表示／非表示

[**レイヤー**]パネルでは、レイヤースタイルが適用
されたレイヤーには、❶適用されたスタイルが表
示されます。目のアイコンをクリックすると、効
果の表示／表示を切り替えることができます。
❷目のアイコンをクリックすると、一時的に効果
を非表示にできます。

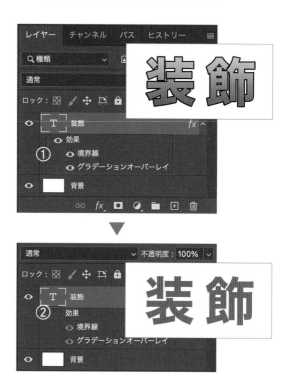

複数のレイヤースタイルを適用する

レイヤースタイルは、複数のスタイルを選択
して組み合わせることができます。
右図では、❶[**境界線**]と[**グラデーション
オーバーレイ**]を設定しています。
[**レイヤースタイル**]画面の左側スタイル欄
で、スタイル名にチェックが入っている項目
が現在設定しているスタイルです。
また、スタイル名右端に❷ ⊞(プラス)のア
イコンがついているスタイルは、❷をクリッ
クすると追加され、同じ効果を複数重ねるこ
とができます。

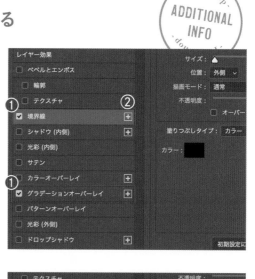

レイヤースタイルを使った文字の装飾を学ぶ

ゴールドの文字を作ってみよう

レイヤースタイルを使って文字をゴールドに装飾する方法を学びます。
レイヤースタイルの［グラデーションオーバーレイ］と［境界線］を使って、表現します。

Before

After

入力した文字にレイヤースタイルを適用して
ゴールドのグラデーション文字にします。

SAMPLE DATA
5-6

文字を入力する準備

文字を入力し、その文字をゴールドにします。始
めに新規ファイルを作り、背景を塗りつぶします。

1 ❶新規ファイルを作ります。

※新規ファイルの作り方はP.026を参照してください。

［幅］：「**1200**」px、［高さ］：「**742**」px、［解像度］：
「**300**」pxとしていますが、任意のサイズでか
まいません。

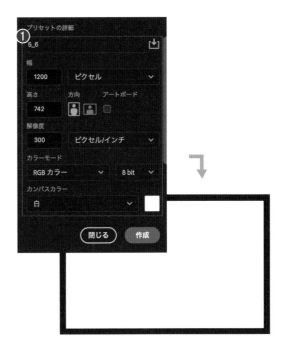

黒背景でゴールドの文字を作るので、［**べた塗りレイヤー**］を作って背景に色をつけます。

2 ［**レイヤー**］パネルの❷をクリックして❸［**べた塗り**］をクリックし、［**カラーピッカー**］で、黒（「**#000000**」）を指定して［**べた塗りレイヤー**］を作ります。

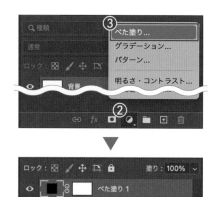

文字を入力する

まずは文字を入力します。

1 ❶［**横書き文字ツール**］を選択します。

　［**文字**］パネルで設定します。［**フォント**］をAdobe Fontsの「**Lust Regular**」、［**サイズ**］を「**284**」px、［**カラー**］を白にしています。

　文字入力する場所をクリックし、❷「**GOLD**」と入力します。

フォントなどは好みの設定でかまいません。［**カラー**］はレイヤースタイルで調整するので見やすい色であればかまいません。
Adobe Fontsの追加方法は、P.242を参照してください。

［グラデーションオーバーレイ］を設定する

レイヤースタイルの［**グラデーションオーバーレイ**］を設定していきます。

1 ［**レイヤー**］パネルで❶文字レイヤーの右側をダブルクリックし、［**レイヤースタイル**］画面を開きます。

2 ［**レイヤースタイル**］画面のスタイル欄で、
❷［**グラデーションオーバーレイ**］をクリッ
クします。

3 ❸［**グラデーション**］の色が表示してあるエ
リアをクリックします。［**グラデーションエ
ディター**］が開きます。

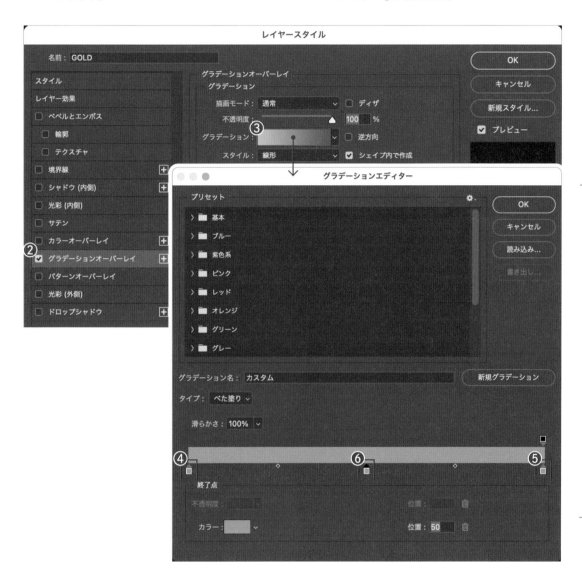

4 ❹左端にある四角のポイントをダブルク
リックすると、［**カラーピッカー**］が開くの
で、「**#eba52c**」を指定します。

同様に❺右端にある四角のポイントをダブ
ルクリックして同じ色「**#eba52c**」を指定し
ます。

5 両端にある四角のポイントの中間くらいを
クリックし、❻ポイントを新たに作成します。

中間に◇がある場合は、◇の左右どちらか側
にずれた位置でクリックしてポイント作成し
てください。作成後はポイントをドラッグす
ると、位置の調整ができます。

6 ❻中間のポイントをダブルクリックし、色を「#feffb0」に指定します。色の指定ができたら、[**OK**]をクリックして[**グラデーションエディター**]を閉じます。

7 [**レイヤースタイル**]画面に戻ります。次のように設定します。

❼[**描画モード**]：[**通常**]
❽[**不透明度**]：「**100**」%
❾[**スタイル**]：[**線型**]
　　[**シェイプ内で作成**]：チェックを入れる
❿[**角度**]：「**90**」°

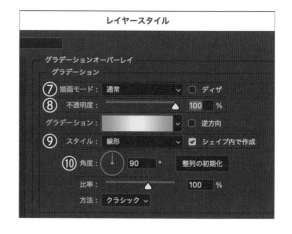

これでグラデーションの表現ができました。このままでもゴールドを表現できていますが、境界線を追加して、より綺麗に見えるようにします。

［境界線］を設定する

続いて、レイヤースタイルの［境界線］を設定していきます。

1 続けて［レイヤースタイル］画面のスタイル欄で、❶［境界線］をクリックします。

❷［塗りつぶしタイプ］を［グラデーション］にします。

❸［グラデーション］の色が表示してあるエリアをクリックし、［グラデーションエディター］で、先ほど同様にグラデーションの両端の色を「#926e00」にします。中間にポイントを追加し、色を「#fff29d」にします。

2 色指定できたら、［グラデーションエディター］の［OK］をクリックして［レイヤースタイル］画面に戻ります。

他の項目を次のように設定します。
❹［サイズ］：「2」px
❺［位置］：［中央］
❻［描画モード］：［通常］
❼［不透明度］：「100」%
❽［スタイル］：［反射］
❾［角度］：「125」°
❿［スケール］：「100」%

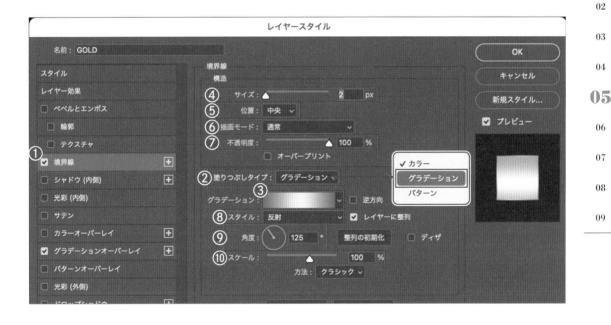

3 ［レイヤースタイル］画面の［OK］をクリックしたら完成です！

[ブラシツール]についてを学ぶ

ブラシツールの基礎を学ぼう

[ブラシツール]は、レイヤーにフリーハンドで描画できるツールです。
ブラシにはたくさんの設定項目があり、カスタマイズすることで
幅広い表現をすることができます。

ブラシは絵を描くときによく使うツールです。
ペンタブレットを併用すれば、
筆圧による線幅変化表現も可能です。

[ブラシツール]とは

 ［ブラシツール］

[**ブラシツール**]は、色、太さ、ぼかし具合(硬さ)、
先端形状などを設定して、ブラシや筆、サインペ
ン、パステルなどのように描画するツールです。

スマートオブジェクト、テキスト、シェイプ
などのレイヤーに、[**ブラシツール**]で描画す
ることはできません。描画するときは新規レ
イヤーを作成して重ね、そこに描画するよう
にしましょう。

色、ぼかし具合(硬さ)、先端形状などを変えて描画した例。

[ブラシツール]の設定方法

[**ブラシツール**]を選んだ状態で、オプションバー
から細かい設定ができます。色は[**カラー**]パネ
ルで描画色として設定します。

※[カラー]パネルについては、P.056を参照してください。

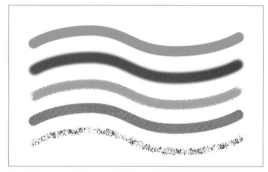
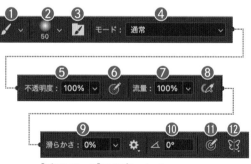

[ブラシツール]のオプションバー

❶ ツールプリセット

登録されているブラシの設定を選択できます。使用頻度が高い、再度同じ設定を使うなどの場合は、現在の設定を登録できます。

❷ サイズ、硬さ、角度、形状を指定

ブラシのサイズ、硬さ、角度、形状を設定します。**A**[**サイズ**]と**B**[**硬さ**]は、スライダーを左右に動かして調整します。
左上円の図にある**C**三角のハンドルをドラッグすると[**角度**]を調整できます（❿と連動します）。
D丸のハンドルをドラッグするとブラシを楕円にできます。
Eで形状を選択します。

右上の歯車アイコンをクリックし、メニューの[**デフォルトブラシを追加**]をクリックすると、デフォルトで入っているブラシを読み込むことができます。[**レガシーブラシ**]をクリックするとさらにブラシの種類を追加できます。

❸［ブラシ設定］パネルを開く

[**ブラシ設定**]パネルでは、ブラシの間隔や散布など、オプションバーよりも詳細な設定ができます。

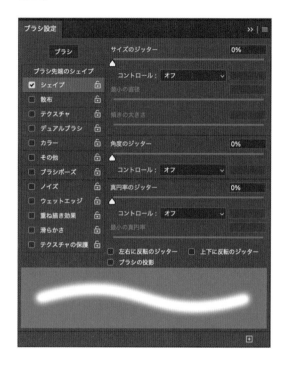

❹ 描画モード

[**レイヤー**]パネルの[**描画モード**]と同じ役割です。描画の重なりをどう表現するか選択できます。

※［描画モード］についてはP.156を参照してください。

❺ 不透明度

ブラシの不透明度を調整できます。一筆で描いている間は、重なった線は濃くなりません。

❻ 不透明度の筆圧感知

オンにするとペンタブレットや液晶タブブレットの使用時に、筆圧を感知し不透明度に反映できます。

❼ 流量

[**不透明度**]と似た役割ですが、[**流量**]はインク量の調整です。
[**不透明度**]との違いは、一筆で描いたときに重なった線が濃くなります。

[不透明度]：「40」% [不透明度]：「100」%
[流量]：「100」% [流量]：「1」%
[間隔]：「1」% [間隔]：「1」%

❽ エアブラシ

オンにすると、スプレーのように描画できます。クリックしている時間によって流量が変わります。

❾ 滑らかさ

手ブレを軽減し、描いた線を滑らかにする設定です。数値を高くすると滑らかになりますが、手元の操作とタイムラグが起こるケースがあります。

❿ 角度

ブラシの角度を調整できます。

[角度]：「0」%

[角度]：「45」%

⓫ ブラシサイズの筆圧感知

オンにするとペンタブレットや液晶タブブレットの使用時に、筆圧を感知しブラシサイズに反映できます。

⓬ 対称オプション

シンメトリーな描画をしたいときに使用します。たとえば[**水平**]を選んだ場合、基準線が表示され、上半分を描くと下半分が自動で描画されます。

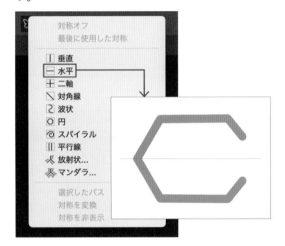

[ブラシツール]で描いた線を消したいときは、[消しゴムツール]を使います。ブラシツール同様に、オプションバーからサイズや硬さを指定して、ドラッグで消していきます。

 ［消しゴムツール］

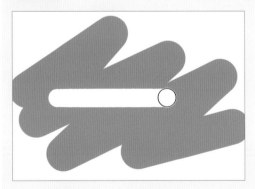

ブラシツールを使って、写真にアクセントを加える方法を学ぶ

ブラシで写真に落書きしよう

[ブラシツール]を使って写真の上に描画する方法を学びます。

子供の写真に可愛らしい落書きをしてみましょう。

Before

After

写真に落書きをしたものはSNS投稿画像でも
よく見かけますね。
ちょっとPhotoshopでやってみましょう。

SAMPLE DATA
5-8

描画する準備

1 練習用データ「5_8.psd」を開いてください。

[**レイヤー**]パネルの❶をクリックして新
規レイヤーを作ります。❷レイヤー名は「落
書き」としておきます。

［ブラシツール］で描画する

1 ❶［**ブラシツール**］を選択します。

オプションバーで次のように設定します。
❷［**直径**］：「**10**」px
❸［**硬さ**］：「**100**」%

［**カラー**］パネルで❹描画色を白にします。

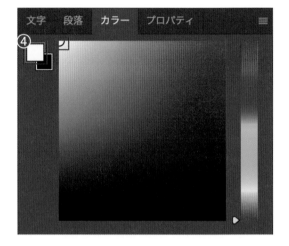

2 ［**レイヤー**］パネルで「**落書き**」レイヤーを選択し、「**猫耳**」や「**リボン**」を、ドラッグで描いてみましょう。

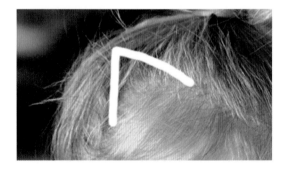

 描いた線を消したいときは、
［**消しゴムツール**］を使いましょう。

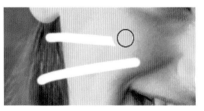

レイヤースタイルで光らせる

描いた線にレイヤースタイルの[**光彩(外側)**]を
設定し、光っているようにします。

1 [**レイヤー**]パネルで「**落書き**」レイヤーの
❶右エリアをダブルクリックし、[**レイヤー
スタイル**]画面を開きます。

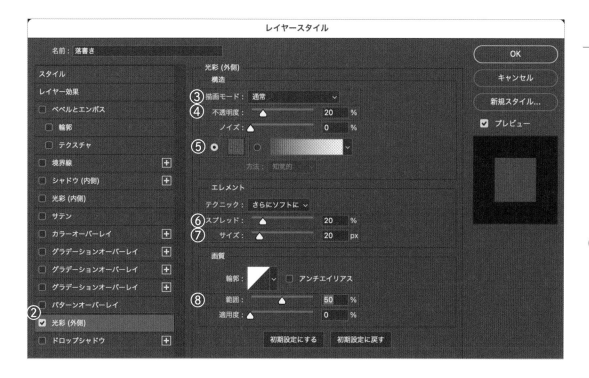

2 [**レイヤースタイル**]画面のスタイル欄で
❷[**光彩**(外側)]をクリックします。
他を次のように設定していきます。

----

❸[**描画モード**]:[**通常**]
❹[**不透明度**]:「**20**」%
❺[**カラー**]:「**#ff0096**」
❻[**スプレッド**]:「**20**」%
❼[**サイズ**]:「**20**」px
❽[**範囲**]:「**50**」%

3 設定できたら[**OK**]をクリックして完成で
す。子供の写真に、愛らしい落書きをする
ことができました!

カラーピッカーの使い方

カラーピッカーは、描画色の設定、図形の塗り色の設定、文字色の設定など、さまざまな場面で色を指定する際に使用します。

❶のスライダーで「色相」を指定します。
❷のエリアでは、指定した色相の「彩度」と「明度」をクリックで指定します。
❸のエリアで、数値を直接入力して色を指定することができます。

MISSION /06

-

画像加工とレタッチを学ぼう

画像加工とレタッチでできること

MISSION 06 では、画像加工の表現幅が広がる4つの機能について学びます。
[描画モード]、変形機能、フィルターとニューラルフィルター、修復関連ツールですが、
それぞれどのようなことができるのか、少し紹介しましょう。

> Photoshopには、画像を加工する機能が
> まだまだたくさんあります。
> さまざまな加工方法を学びましょう。

[描画モード]を使ってできること

[**描画モード**]はレイヤーに対して設定し、下に
なるレイヤーと「色をどのように合成するか」を
指定する機能です。

※[描画モード]については、P.156〜で解説します。

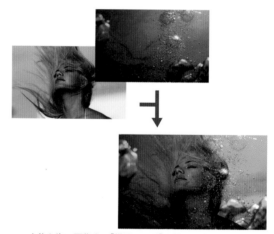

人物と海の画像を、[描画モード]を使って合成しています。

変形を使ってできること

拡大・縮小やゆがみ（平行四辺形への変形）や、
ワープのような複雑な変形、遠近法に合わせた
変形など、変形には多数の方法があります。

※変形については、P.163〜で解説します。

ディスプレイ形状に合わせて変形した画像を重ねています。

フィルターを使ってできること

シャープやぼかしのような効果、モザイク化、渦巻状への変形、絵画調へ補正するなど、フィルターではさまざまな効果を出すことができます。

※フィルターについては、P.170〜で解説します。
　[ニューラルフィルター]については、P.181〜で解説します。
　[フィルターギャラリー]はP.184〜で、作例を使った操作手順を解説しています。

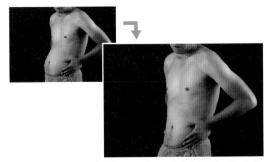

ゆがみフィルターで人物を補正しています。

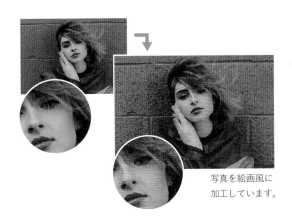

写真を絵画風に
加工しています。

修復関連ツールを使ってできること

修復関連ツールは5種類ありますが、いずれも画像に写ってしまった不要なものの除去、人物のシワや赤目の補正などを、自然に修復することができるツールです。

※修復関連ツールについては、P.186〜で解説します。

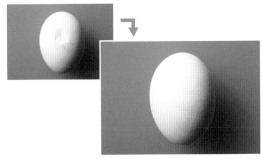

卵の割れた部分を、自然に見えるように
修復しています。

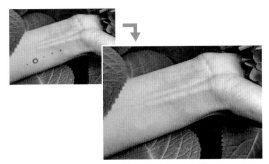

腕に描かれたタトゥーを消去しています。

［描画モード］について学ぶ

レイヤーをブレンドする描画モード

描画モードを設定したレイヤーは、下のレイヤーと混ざり合い、
選んだ描画モードに合わせてさまざまな見た目に変化します。

描画モードは、暗い写真を明るくしたり、
ぼんやりとした写真にメリハリをつけたりする
補正にも有効です。

［描画モード］とは

［描画モード］は、複数のレイヤーの色を特殊な
効果でブレンドする機能です。

上のレイヤー（合成色）の［描
画モード］を［通常］に設定し
たときの画面表示。

上のレイヤー（合成色）の［描
画モード］を［乗算］に設定し
たときの画面表示。

対象のレイヤーを選択し、ここ
で［描画モード］を指定します。

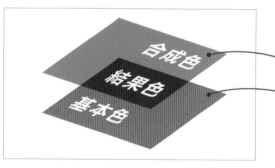

［描画モード］を設定したレイヤーは、下のレイ
ヤーと混ざり合い、選んだ［描画モード］に合わ
せて、さまざまな色に変化します。

下のレイヤーの色を「基本色」、上のレイヤー
の色を「合成色」、ブレンドされた見た目の色
を「結果色」といいます。

上のレイヤーだけを表示さ
せたときの画面表示。

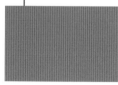

下のレイヤー（基本色）だけ
を表示させたときの画面表
示。

［描画モード］の種類

［**描画モード**］は全部で27種類あります。
この27種類は、大きく6つのカテゴリーに分かれています。

❶ 1つのレイヤーで成り立つ効果
❷ 暗くする効果
❸ 明るくする効果
❹ コントラストを強くする効果
❺ 色の差をブレンドする効果
❻ 色の3要素（色相・彩度・輝度）をブレンドする効果

❷❸❹はよく使うカテゴリーです。
結果色を予想するのが難しいときは、目的のカテゴリーを上から順に試し、画面表示を確認しながら設定しましょう。

❶の［通常］と［ディザ合成］を除き、［描画モード］の効果を使うには、2つ以上のレイヤーが必要です。

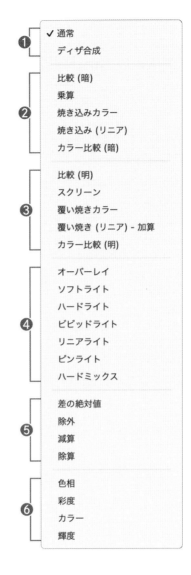

❶
- ✓ 通常
- ディザ合成

❷
- 比較 (暗)
- 乗算
- 焼き込みカラー
- 焼き込み (リニア)
- カラー比較 (暗)

❸
- 比較 (明)
- スクリーン
- 覆い焼きカラー
- 覆い焼き (リニア) - 加算
- カラー比較 (明)

❹
- オーバーレイ
- ソフトライト
- ハードライト
- ビビッドライト
- リニアライト
- ピンライト
- ハードミックス

❺
- 差の絶対値
- 除外
- 減算
- 除算

❻
- 色相
- 彩度
- カラー
- 輝度

MISSION
01
02
03
04
05
06
07
08
09

［描画モード］の使い方

1 練習用データ「**6_2.psd**」を開いてください。

［**レイヤー**］パネルを確認します。画面表示されているのは「**ペイント**」レイヤーの画像で、下にある「**板**」レイヤーの画像は表示されていません。

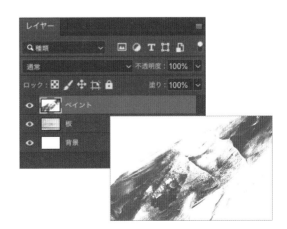

2 ［**レイヤー**］パネルで、❶［**描画モード**］を設
定するレイヤー（ここでは「**ペイント**」）を選
択します。

❷［**描画モード**］（［**通常**］となっている部分）
をクリックし、目的の［**描画モード**］（ここ
では❸［**乗算**］）をクリックします。

選択した［**描画モード**］に合わせて、「**ペイント**」
レイヤーとその下にある「**板**」レイヤーの2枚の
画像がブレンドされて表示されます。

他の［**描画モード**］も試してみましょう。❷を
変更するだけで、表示される画像のイメージ
が変わることが確認できます。

［描画モード］の使用例

［**描画モード**］の使用例を紹介します。

［描画モード］：［乗算］

人物の暗い部分が、コンクリートに足されて濃くなります。

［描画モード］：［焼き込みカラー］

花の暗い部分にのみグラデーションの色が反映され、コントラス
トが強くなります。

[描画モード]：[スクリーン]

花火の白はそのまま、黒は透過、それ以外の中間色は明るくなります。

[描画モード]：[カラー比較（明）]

画像を比較して、それぞれの明るい部分を表示させます。

[描画モード]：[カラー]

上レイヤーの色相が、下レイヤーの明度を保ったまま反映されます。

[描画モード]：[覆い焼きカラー]

黒以外の画像を重ねると、明るくコントラストが強くなります。

[描画モード]：[オーバーレイ]

同じ画像を重ねると、明るい部分はより明るくなり、暗い部分はより暗くなります。

 ［描画モード］はグループに対しても使うことができます。

［描画モード］の操作と効果を学ぶ

描画モードで合成しよう

［描画モード］を使って、「人物」と「海」の画像を1枚に合成する方法を学びます。
海の中から撮影したかのように、2枚の画像を合成しましょう。

Before

After

描画モードをうまく使いこなすと、
さまざまな画像合成が
できるようになります。

SAMPLE DATA
6-3

海の画像を配置する

1 練習用データ「6_3.psd」を開いてください。

❶素材画像「6_3_umi.jpg」をアートボードまでドラッグし、人物画像の上に配置します。

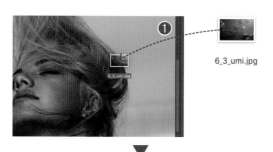

6_3_umi.jpg

［描画モード］を［カラー］に変える

1 ［**レイヤー**］パネルで「**6_3_umi**」レイヤーが選択されていることを確認し、❶［**描画モード**］を❷［**カラー**］に変えます。

これで下の人物のレイヤー（「背景」レイヤー）が、上の海レイヤー（「6_3_umi」レイヤー）と同じ色相になりました。

色が青に変わっていない部分は、海の画像の白黒の部分です（色がなくモノトーン）。今回の合成では影響しないので、特に気にしなくてOKです。

海レイヤーを複製する

海のレイヤーを上に複製します。

1 ［**レイヤー**］パネルで❶「**6_3_umi**」レイヤーを、option （ alt ）キーを押しながら上にドラッグします。

option （ alt ）キーはドラッグより先に押し始めてください。

［描画モード］を
［ハードライト］に変える

1 複製してできたレイヤーが選択されていることを確認し、❶［描画モード］を❷［ハードライト］に変えます。

「人物」と「海」の画像を1枚に合成することができました！

⌊自由変形⌋⌊水平・垂直に反転⌋⌊多方向に伸縮⌋⌊ゆがみ⌋⌊ワープ⌋の操作を学ぶ

画像を変形させる方法を学ぼう

Photoshopには、画像を変形させる方法が数多くあります。
その中でもよく使う5つの変形方法を紹介します。

ここでは［**自由変形**］［**水平・垂直に反転**］
［**多方向に伸縮**］［**ゆがみ（フィルター）**］
［**ワープ**］を紹介します。

［自由変形］で変形する

［**自由変形**］は一番よく使う変形方法です。❶バ
ウンディングボックスの端（辺）や❷ハンドルの
ドラッグで変形できます。

バウンディングボックスは次の2つの方法のい
ずれかで表示させます。

- ❸［**移動ツール**］のオプションバーで、❹［**バ
ウンディングボックスを表示**］にチェックを
入れ、［**レイヤー**］パネルで変形対象のレイ
ヤーを選択します。
- ［**レイヤー**］パネルで変形対象のレイヤーを選
択し、⌘（ctrl）＋Ｔキーを押します。

⌘（ctrl）＋Ｔは、［**編集**］メニュー➡［**自由
変形**］のショートカットです。

バウンディングボックスは、レイヤーの画像の不透明部分を囲む
長方形として表示されます。ハンドルは、角、辺の中央に表示され
ている□のことです。

［自由変形］で拡大・縮小する

1 ❶バウンディングボックスの端（ハンドルまたは辺）をドラッグすると、拡大・縮小できます。

ドラッグ変形（拡大・縮小）では、 shift キーを押しながらドラッグすることで、縦横比を固定するかどうかを切り替えられます。

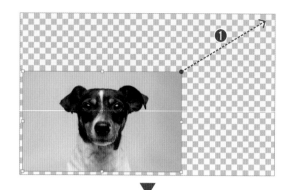

［自由変形］で回転する

1 マウスポインタをバウンディングボックスから外側に離すと、マウスポインタが回転マークに変わり、ドラッグすると回転できます。

shift キーを押しながら回転することで、15°刻みで回転できます。

水平／垂直に反転する

画像を水平方向または、垂直方向に反転できます。

[**レイヤー**]パネルで変形対象のレイヤーを選択してから実行します。

1 ❶メニューの[**編集**]➡[**変形**]➡[**水平方向に反転**]をクリックします。

垂直方向に反転させたいときは、メニューの[**編集**]➡[**変形**]➡[**垂直方向に反転**]をクリックします。

[多方向に伸縮]で変形する

[**多方向に伸縮**]は、画像の4つの角をドラッグして自由な形に変形できます。

[**レイヤー**]パネルで変形対象のレイヤーを選択してから実行します。

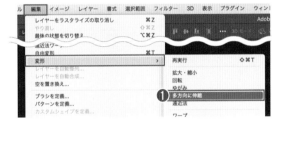

1 ❶メニューの[**編集**]➡[**変形**]➡[**多方向に伸縮**]をクリックします。

変形させたい角をドラッグで移動させます。

※[多方向に伸縮]を使った作例をP.168で解説します。

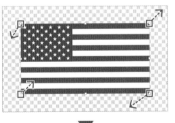

[ゆがみ]フィルターで変形する

フィルターの[ゆがみ]を使った変形方法です。人物のレタッチなどでよく使われます。

[レイヤー]パネルで変形対象のレイヤーを選択してから実行します。

※[ゆがみ]フィルターに関してはP.179で詳しく説明します。

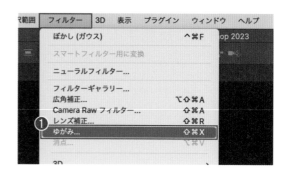

1 ❶メニューの[フィルター]➡[ゆがみ]をクリックします。[ゆがみ]画面が開きます。

❷[前方ワープツール]を選択し、❸プレビュー画像内をドラッグすると変形できます。

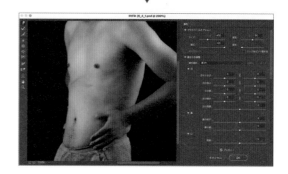

[ゆがみ]フィルターには、[顔ツール](P.180参照)という顔をレタッチするのにとても便利な機能もあります。

［ワープ］で変形する

「ワープ」は、ドラッグで複雑な変形を感覚的に
できる機能です。

［**レイヤー**］パネルで変形対象のレイヤーを選択
してから実行します。

1 ❶ メニューの［**編集**］➡［**変形**］➡［**ワープ**］
をクリックします。

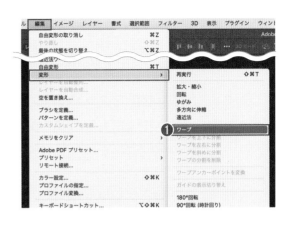

ワープのガイドが出るので、❷ 画像内をド
ラッグすると自由に変形できます。

また、オプションバーの ❸ ［**ワープ**］からで
も、さまざまな変形方法を選ぶこともでき
ます。

［**ワープ**］は、タイポグラフィーの変形でもよ
く使われる方法です。

［ワープ］：［円弧］　　［ワープ］：［でこぼこ］

［ワープ］：［絞り込み］　　［ワープ］：［旗］

［多方向に伸縮］の操作を学ぶ

PC画面に合わせて画像を変形しよう

［変形］の［多方向に伸縮］を使って、PC画面のモックアップを作る方法を学びます。
風景の画像を、PCの画面サイズに合わせて変形させましょう。

Before

After

PCモニターやスマホ画面、額縁などに
画像を合成するときは［**多方向に伸縮**］が
役立ちます。

SAMPLE DATA
6-5

風景画像を配置する

①

6_5_screen.jpg

1 練習用データ「**6_5.psd**」を開いてください。

❶素材画像「**6_5_screen.jpg**」をアート
ボードまでドラッグし、PC画像の上に配置
します。

PC画面に当て込む画像は、PC画面と同じ比
率にしないと縦横比が不自然になるので、注
意が必要です。

［多方向に伸縮］で変形する

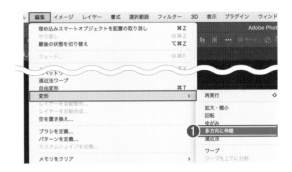

1 ［**レイヤー**］パネルで、配置した風景レイヤーが選択されているのを確認し、❶メニューの［**編集**］➡［**変形**］➡［**多方向に伸縮**］をクリックします。

2 画像の四隅のハンドルをそれぞれ❷❸❹❺ドラッグで、PC画面の四隅に合わせて移動します。

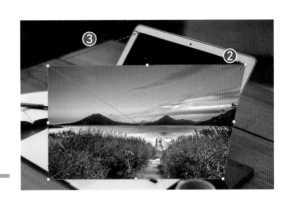

移動できたらオプションバーの［○］をクリックして確定します。

PC画面のモックアップを作ることができました！

フィルターについて学ぶ

フィルターの使い方を学ぼう

フィルターとは、画像に特殊なエフェクトをかける機能のことです。

画像にフィルターを適用するだけで、さまざまな見た目に加工することができます。

ここではフィルターの基礎知識と、
フィルターを適用した例をいくつか紹介します。

フィルターとは

「**フィルター**」は、画像に特殊なエフェクトをかける機能のことです。
フィルターをかけるだけで、写真を絵画タッチにしたり、全体的にぼかしたり、さまざまな加工ができます。

フィルターは100種類以上あます。そのほとんどは、詳細設定の画面で効果の強弱などを設定できます。

絵画風に加工するフィルター

ぼかし系フィルター

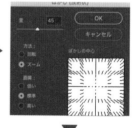

フィルターの使い方

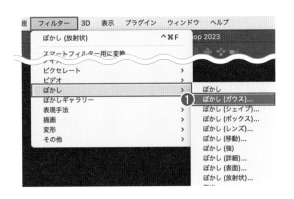

1 ［**レイヤー**］パネルで、フィルターをかけたいレイヤーを選択します。

❶メニューの［**フィルター**］から適用したいフィルターを選びます。ここでは、［**フィルター**］➡［**ぼかし**］➡［**ぼかし（ガウス）**］をクリックします。

2 フィルターによっては詳細設定を行う画面が表示されます。目的に合わせて適用具合を調整し、［**OK**］をクリックします。

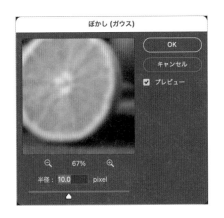

選択するだけで適用されるフィルターもあれば、詳細設定の画面が表示されるフィルターもあります。

フィルターの種類

Photoshopには、全部で100種類を超えるフィルターが存在します。使用頻度が高いフィルターもあれば、滅多に使わないフィルターもあります。

ここでは、よく使う6種類のフィルターの特徴と使い方を紹介します。

- シャープ
- フィルターギャラリー
- 変形
- ゆがみ
- ぼかし
- ピクセレート
- ノイズ

※［ニューラルフィルター］についてはP.181〜で解説します。

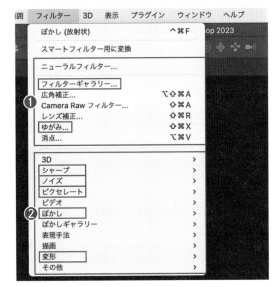

［フィルター］メニュー。❶のフィルターは専用の設定画面が表示され、設定画面内のプレビューで確認や操作をしながら詳細に効果を設定できます。❷のフィルターにはサブメニューがあり、それぞれいろいろな種類の方法を選択できます。

［シャープ］フィルター

ぼやけた画像をくっきりさせるフィルターです。
［シャープ］には5種類あります。

［スマートシャープ］を使ってくっきりとさせた例。

［**アンシャープマスク**］（設定画面あり）
適用度を指定してシャープをかけることができます。

［**シャープ**］（設定画面なし）
選択するだけで弱いシャープがかかります。

［**シャープ（強）**］（設定画面なし）
選択するだけで強いシャープがかかります。

［**シャープ（輪郭のみ）**］（設定画面なし）
選択するだけで輪郭にシャープがかかります。

［**スマートシャープ**］（設定画面あり）
［アンシャープマスク］より詳細な設定ができます。

［アンシャープマスク］の使い方

［**シャープ**］系フィルターの中で特に使い勝手が
よいのが［**アンシャープマスク**］です。
［**量**］［**半径**］［**しきい値**］を設定することで、適用
度をコントロールします。

❶［**量**］：　　　シャープの強さ
❷［**半径**］：　　適用する範囲
❸［**しきい値**］：特定の範囲内で、色の変化が設
　　　　　　　定値より大きい箇所がシャープ
　　　　　　　になる。

［**アンシャープマスク**］と［**スマートシャープ**］
は、詳細設定の画面が表示されます。［**アン
シャープマスク**］は主に印刷やプリントを目
的とした画像の仕上げに使われます。［**スマー
トシャープ**］は主に画面表示など印刷やプリ
ント以外を目的とした画像の仕上げで、詳細
に設定したい場合に使われます。

［ぼかし］フィルター

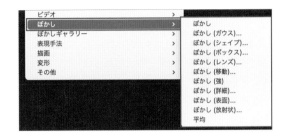

画像をぼかすことができるフィルターです。
［**ぼかし**］には11種類あります。

［ぼかし（レンズ）］を適用した例。

［ぼかし（移動）］を適用した例。

［ぼかし（表面）］を適用した例。

［ぼかし（放射状）］を適用した例。

［ぼかし］（設定画面なし）
選択するだけで弱いぼかしがかかります。

［ぼかし（ガウス）］（設定画面あり）
適用度を指定してぼかしをかけることができます。

［ぼかし（シェイプ）］（設定画面あり）
シェイプの形でぼかしがかかります。

［ぼかし（ボックス）］（設定画面あり）
指定したピクセル幅の色の平均値でぼかすことができます。

［ぼかし（レンズ）］（設定画面あり）
深度やノイズを設定したぼかしをかけることができます。

［ぼかし（移動）］（設定画面あり）
距離や角度を決めて、一方向に動くぼかしをかけることができます。

［ぼかし（強）］（設定画面なし）
選択するだけで強いぼかしがかかります。

［ぼかし（詳細）］（設定画面あり）
輪郭をある程度残しながらぼかすことができます。

［ぼかし（表面）］（設定画面あり）
境界線をある程度残しながら、表面だけをぼかすことができます。

［ぼかし（放射状）］（設定画面あり）
ズームや回転の動きに合わせたぼかしをかけることができます。

［平均］（設定画面なし）
平均色で塗りつぶすことができます。

［ぼかし（ガウス）］の使い方

［ぼかし］系フィルターの中で特によく使うのが
［ぼかし（ガウス）］です。
❶［半径］を設定することで、適用度をコントロールします。

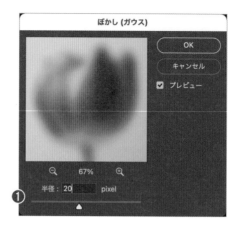

［フィルターギャラリー］

［フィルターギャラリー］には47種類あります。
画像を絵画風にしたり、ステンドガラス風にしたり、特殊な効果をかけることができる機能です。
下図のような専用の設定画面で操作します。

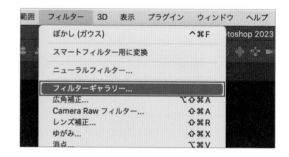

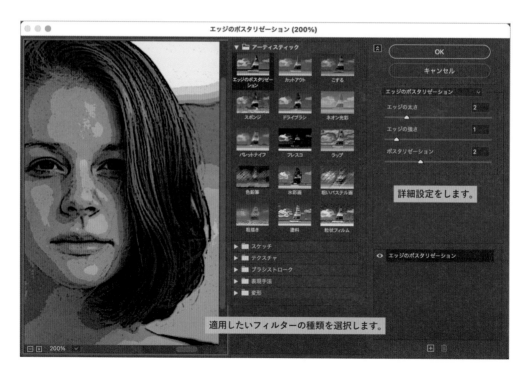

詳細設定をします。

適用したいフィルターの種類を選択します。

［フィルターギャラリー］の使用例

元画像。

［カットアウト］を使った例。

［スポンジ］を使った例。

［ラップ］を使った例。

［ウォーターペーパー］を使った例。

［クラッキング］を使った例。

［ステンドグラス］を使った例。

［粒状］を使った例。

［エッジの光彩］を使った例。

［ガラス］を使った例。

［フィルターギャラリー］の画面右下の❶プラスマークをクリックすると、複数のフィルターギャラリーを重ねて適用できます。

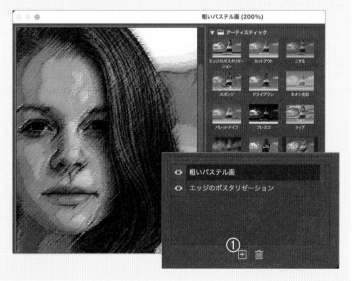

［ピクセレート］フィルター

ピクセレートは、決まった範囲内を特殊な効果で均一に加工することができる機能です。
［**ピクセレート**］には7種類あります。

［カラーハーフトーン］を適用した例。

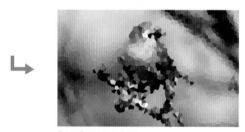

［水晶］を適用した例。

［**カラーハーフトーン**］（設定画面あり）
シアン、マゼンタ、イエロー、ブラックの4色のドットで表現されます。

［**ぶれ**］（設定画面なし）
手ぶれのような効果を加えることができます。

［**メゾティント**］（設定画面あり）
ランダムなパターンの点で表現、または表面を横に擦ったような表現に加工できます。

［**モザイク**］（設定画面あり）
正方形のモザイク加工ができます。

［**水晶**］（設定画面あり）
一色で塗りつぶされた多角形で表現されます。

［**点描**］（設定画面あり）
点の集まりで表現されます。

［**面を刻む**］（設定画面なし）
近い色をまとめて、イラストのような加工ができます。

［モザイク］の使い方

選択範囲を作成してから［**モザイク**］を適用することで、特定の場所にだけモザイクをかけることができます。セルの大きさは❶スライダーで調整します。

[変形]フィルター

変形は、その名の通り画像を変形することできる機能です。
[**変形**]には9種類あります。

[**渦巻き**]を適用した例。

[**極座標**]を適用した例。

[**波紋**]を適用した例。

[**シアー**]（設定画面あり）
指定したグラフの通りに変形します。

[**ジグザグ**]（設定画面あり）
ジグザグに変形します（3つスタイルがある）。

[**つまむ**]（設定画面あり）
つまんで引っ張ったように変形します。

[**渦巻き**]（設定画面あり）
中心から渦を巻いたような形に変形します。

[**球面**]（設定画面あり）
立体的な球状に変形します。

[**極座標**]（設定画面あり）
360度レンズの視界のような形と、円筒形に写すことで正しく見える歪みの2種類の変形ができます。

[**置き換え**]（設定画面あり）
指定のpsdファイルの色に合わせて変形します。

[**波形**]（設定画面あり）
波打った形に変形します。

[**波紋**]（設定画面あり）
水面の振動で波打ったような形に変形します。

［ノイズ］フィルター

ノイズは画像にざらついた質感を加えたり、減らしたりすることができる機能です。
［ノイズ］には5種類あります

［ノイズを加える］の使い方

［ノイズ］系フィルターの中で覚えておきたいのが［ノイズを加える］です。
［量］［分布方法］［グレースケールノイズ］を設定することで、適用度をコントロールします。

❶［量］：ノイズの強さ
❷［分布方法］
　　［均等に分布］：均等にノイズが適用される。
　　［ガウス分布］：ランダムにノイズが適用される。
❸［グレースケールノイズ］：
　　チェックを入れるとノイズがグレーになる。

［ゆがみ］フィルター

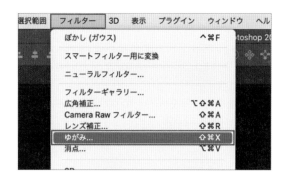

［**ゆがみ**］フィルターは、人物の顔や体型の修正によく使われる機能です。

［**ゆがみ**］フィルターの画面構成と、覚えておきたい［**前方ワープツール**］、［**顔ツール**］について解説します。

［ゆがみ］フィルターの画面構成

❶［**ツール選択**］

❷［**前方ワープツール**］と❸［**顔ツール**］はよく使うツールです

❹［**ブラシツールオプション**］

ブラシのサイズや筆圧を調整できます

❺［**顔立ちを調整**］

目や鼻や口など、パーツ別の調整ができます

❻［**マスクオプション**］、［**表示オプション**］

マスクやレイヤーなど、表示に関する設定ができます

❶［前方ワープツール］の使い方

［ゆがみ］フィルターの画面にあるプレビューで、
❷ゆがませたい場所からゆがませたい方向にド
ラッグします。
ブラシの調整は、画面右上の［**ブラシツールオプ
ション**］（前ページ❹）で行います。

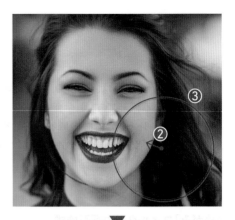

［**サイズ**］：ブラシのサイズ（❸）
［**密度**］：ブラシの間隔
　　　　　（低ければブラシのぼけ足が長く、高け
　　　　　れば短くなる）。
［**筆圧**］：筆圧の強さ
［**エッジをピンで留める**］：
　　　　　　画像の端が動かないように止める

❶［顔ツール］の使い方

［ゆがみ］フィルターの画面にあるプレビューで、
目や鼻や輪郭といった顔のパーツ付近にマウス
ポインタを合わせると、❷変形のハンドルが現
れます。ハンドルをドラッグして調整します。

［顔ツール］でできる変形は、［**ゆがみ**］フィル
ター画面右側にある［**顔立ちを調整**］（前ペー
ジ❺）で、より繊細な調整ができます。

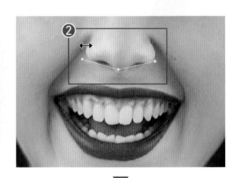

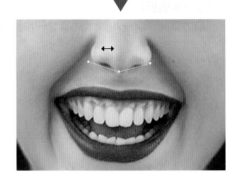

［ニューラルフィルター］の操作を学ぶ

AIを活用するフィルターを学ぼう

ここでは［ニューラルフィルター］について学びます。［ニューラルフィルター］は、
AI機能を駆使し、複雑な写真加工をたった数クリックで行うことができる機能です。

［ニューラルフィルター］では、
白黒写真をカラー化したり、人物の表情を変えたり、
さまざまな加工ができます。

［ニューラルフィルター］とは

［ニューラルフィルター］は、Adobe社独自のAI
技術「Adobe Sensei」を活用した機能で、複雑
な写真加工を数クリックで行うことができます。

［ニューラルフィルター］には12種類（ベータ版
を含む、2023年7月現在）あります。

選択範囲	フィルター	3D	表示	プラグイン	ウィンドウ	ヘル
	ニューラルフィルター				^⌘F	Adobe P
	スマートフィルター用に変換					選択と
	① ニューラルフィルター...					
	フィルターギャラリー...					
	広角補正...				⌥⌘A	
	Camera Raw フィルター...				⇧⌘A	
	レンズ補正...				⇧⌘R	
	ゆがみ...				⇧⌘X	
	消点...				⌥⌘V	
	3D				>	
	シャープ				>	

［ニューラルフィルター］使用例

［カラー化］を適用した例。白黒写真をカラーにで
きます。

［スタイルの適用］を適用した例。参照画像から選
んだ絵の、テクスチャーを適用できます。

［ニューラルフィルター］の使い方

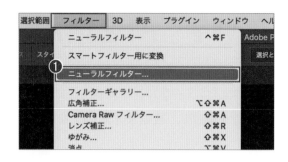

1 ［**レイヤー**］パネルで、フィルターをかけたいレイヤーを選択し、❶メニューの［**フィルター**］➡［**ニューラルフィルター**］をクリックします。

2 ［**ニューラルフィルター**］専用画面が表示されるので、ここで操作します。

❷使いたい種類を選択し、❸をクリックしてオンにします。図では、［**カラー化**］を選択してオンにしています。

初めて使うフィルターは、初回のみダウンロードが必要です。❷で初めて使うフィルターを選択すると、❹に［**ダウンロード**］と表示されるので、クリックしてください。

3 ❹で選んだフィルターの詳細な設定をします。

❺［出力］では次の5種類から選択できます。
［現在のレイヤー］：選択レイヤーをそのまま加工します。
［新規レイヤー］：新規レイヤーに作成されます。
［マスクされた新規レイヤー］：マスクがついた新規レイヤーに作成されます。
［スマートフィルター］：スマートフィルターとして作成されます。
［新規ドキュメント］：新規ドキュメントとして作成されます。

［ニューラルフィルター］使用例

[肌をスムーズに]を適用した例。シミやニキビを
綺麗にできます。

[スマートポートレート]を適用した例。顔の表情
や年齢を変えることができます。

+

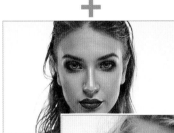

[メイクアップを適用]を適用した例。選択した別
画像に似たメイク加工ができます。

+

[調和（ベータ版）]を適用した例。色合いが違う合
成画像を馴染ませてくれます。

フィルターを使って加工しよう

［フィルターギャラリー］を使って、女性の写真を絵画風に加工する方法を学びます。
2つの［フィルターギャラリー］を組み合わせて表現していきます。

Before

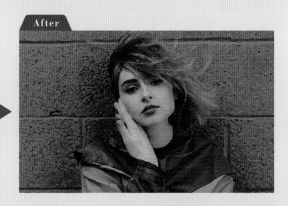

After

［**フィルターギャラリー**］では、
2つ以上のフィルターを同時に適用できます。

SAMPLE DATA
6-8

［フィルターギャラリー］画面を開く

1 練習用データ「6_8.psd」を開いてください。

❶画像レイヤーを選択した状態で、メニューの［**フィルター**］➡［**フィルターギャラリー**］を選択します。

［**フィルターギャラリー**］の画面が開かれます。

［ドライブラシ］を適用する

1 ［フィルターのカテゴリ］から❶［アーティスティック］を開き、❷［ドライブラシ］をクリックします。

2 右側で下記の通りに設定します。

    ❸［ブラシサイズ］：「2」
    ❹［ブラシの細かさ］：「8」
    ❺［テクスチャ］：「1」

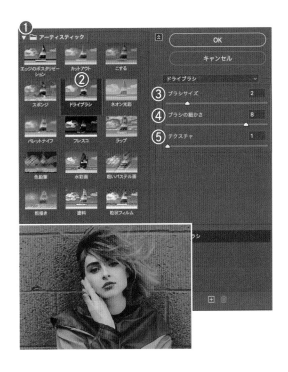

［テクスチャライザー］を適用する

1 右下の❶⊞をクリックし、適用する［フィルターギャラリー］を1つ増やします。

2 ［フィルターのカテゴリ］から❷［テクスチャ］を開き、❸［テクスチャライザー］をクリックします。

3 右側で下記の通りに設定し、［OK］をクリックします。

    ❹［テクスチャ］：［カンバス］
    ❺［拡大・縮小］：「100」％
    ❻［レリーフ］：「4」
    ❼［照射方向］：［上へ］

女性の写真を絵画風に加工することができました！

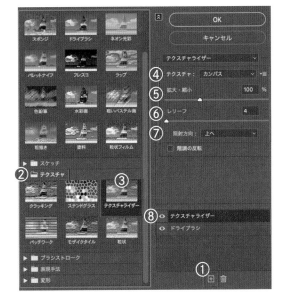

❶をクリックすると、❽に1つ増えます。増やした直後は、直前に設定している種類（ここでは［ドライブラシ］として増えますが、**2**で❸［テクスチャライザー］をクリックすると、図のように表記されます。

［スポット修復ブラシツール］と［パッチツール］の操作法を学ぶ

画像を修復するツールを学ぼう

画像の中の汚れの修復、人物のシワの修正、不要なものの除去などを、

自然な見た目で修正するツールを学びます。

画像を修復するツールは5種類あり、作業によって使い分けます。

ここでは特によく使う
［**スポット修復ブラシツール**］と［**パッチツール**］
の使い方を解説します。

画像を修復するツール

画像を修復するツールは、画像の中の欠陥や汚れの修復、シワや不要なものの除去などを、自然な見た目で修復するツールのことです。

周囲の画像の情報に基づいて、修正したい箇所を修復してくれます。

画像を修復するツールは全部で5種類あります。［**スポット修復ブラシツール**］を長押しすると全てのツールが表示されます。

画像を修復するツールを使うと、割れた卵も、割れていなかったかのように、自然に修正できます。

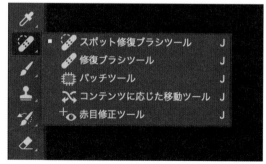

［スポット修復ブラシツール］と同じグループ内にある5つの画像を修復するツール。

［スポット修復ブラシツール］の使い方

［**スポット修復ブラシツール**］は、画像内の小さな範囲を、なぞるだけで素早くキレイに修復できるツールです。

1 練習用データ「**6_9_1.psd**」を開きます。

❶［**スポット修復ブラシツール**］を選択します。

オプションバーの［**種類**］で**❷**［**コンテンツに応じる**］をクリックして選択します。

ブラシのサイズ（直径）や硬さは、オプションバーで調整できます。

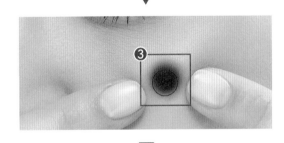

2 **❸**修正したい箇所を、クリックまたはドラッグでなぞります。

周囲の情報を自動で感知し、なぞった部分を修復してくれます。

元画像を破壊しないように直接画像に描画せず、新規レイヤーを上に作り、そこに描画するのがオススメです。
その場合は、オプションバーの［**全レイヤーを対象**］にチェックを入れておきましょう。

✓ 全レイヤーを対象

この作例の場合、指に係らないように、ブラシのサイズとなぞる位置を注意しましょう。

［パッチツール］の使い方

［**パッチツール**］は［**スポット修復ブラシツール**］
と違い、ブレンドしたい場所を自分で選択でき
ます。

1 練習用データ「**6_9_2.psd**」を開きます。

❶［**パッチツール**］を選択します。

❷修正したい箇所をドラッグで囲むように
して選択範囲を作成します。

 なげなわツールと同じ操作感です。

2 ❸選択範囲ができたら、ドラッグでブレン
ドさせたい場所まで移動します。

選択範囲が、移動先の画像とブレンドされます。

▼

▼

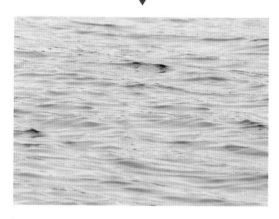

［スポット修復ブラシツール］と［パッチツール］の操作を学ぶ

修復ブラシで画像を加工しよう

［スポット修復ブラシツール］と［パッチツール］を使って、
手首に入ったタトゥーを消す方法を学びます。

Before

After

小さなものを消すときは
［スポット修復ブラシツール］、
やや大きめのときは［パッチツール］がおすすめです。

SAMPLE DATA
6-10

［スポット修復ブラシツール］で
小さなタトゥーを消す

1 練習用データ「6_10.psd」を開きます。

　［レイヤー］パネルで、❶新規レイヤーを作
成します。

2 ❷［スポット修復ブラシツール］
を選択します。

新規レイヤーの名前は、わかりやすいよう「レ
タッチ」としておきます。

3 オプションバーで下記の通りに設定します。

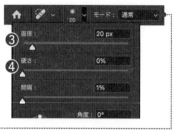

❸ [ブラシサイズ]：「20」px
❹ [硬さ]：「0」%
❺ [種類]：[コンテンツに応じる]を選択
　　　します。
❻ [全レイヤーを対象]：
　　　チェックを入れます。

4 小さなタトゥーを塗りつぶすようにクリックまたはドラッグします。
小さなタトゥー4箇所を修正します。

うまく消えないときは、何度か塗りつぶしてみましょう。

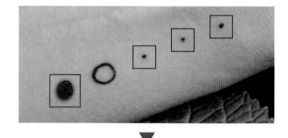

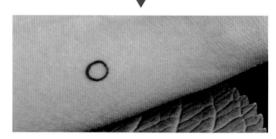

[パッチツール]でタトゥーを消す

[パッチツール]で大きなタトゥーを消します。

1 ❶ [パッチツール]を選択します。 ❶

2 オプションバーで下記の通りに設定します。

❷ [パッチ]：[コンテンツに応じる]を選
　　　択します。
❸ [全レイヤーを対象]：
　　　チェックを入れます。

3 ❹修正したい箇所をドラッグで囲むように
して選択範囲を作成します。

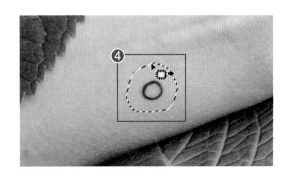

4 ❺選択範囲ができたら、同じような色のと
ころでまでドラッグします。

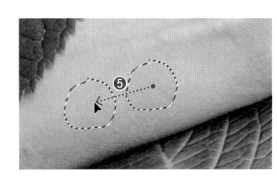

 ⌘（ctrl）+ D キーで、選択範囲を解除で
きます。

手首に入ったタトゥーを消すことができました！

[コピースタンプツール]の操作法を学ぶ

複製しながら合成するツールを学ぼう

[コピースタンプツール]は、画像の一部を複製して別の場所に合成するツールです。
別の場所に合成する際には、周囲の色やテクスチャーに合わせて自動的に調整されます。

[コピースタンプツール]は、ブラシで
描画するようにコピーできるのが特徴です。

SAMPLE DATA
6-11

[コピースタンプツール]とは

ブラシで描画するように操作して元の画像の一
部を新しい場所に複製します。このとき、複製し
た画像は、周囲の色やテクスチャーに合わせて
自動的に調整されます。

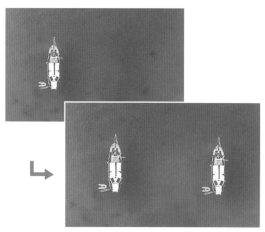

[コピースタンプツール]では、画像の一部のク
ローン(複製)を作成できます。

[コピースタンプツール]の使い方

1 練習用データ「6_11.psd」を開きます。

❶[コピースタンプツール]を選
択します。

2 ❷ option（ alt ）キーを押すと、マウスポインタが ⊕ に切り替わります。
この状態でコピーしたい位置をクリックします。

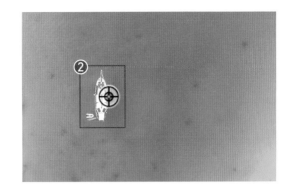

3 コピーする位置を指定できたら、❸貼り付けたい位置でなぞるようにドラッグします。

オプションバーで、ブラシの硬さを柔らかく（0%などの小さい値に）しておくと、自然な見た目で合成できます。

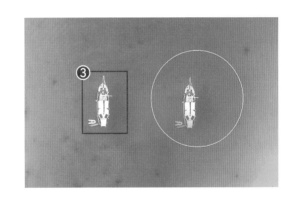

ブラシのサイズ（[直径]）や[硬さ]、[不透明度]、[流量]などの調整は、オプションバーで行います。
[サンプル]では、コピー元を現在のレイヤーだけにするか、すべてのレイヤーにするか選ぶことができます。

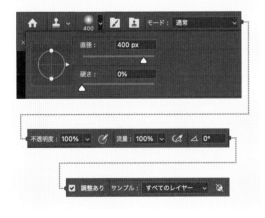

より詳細な設定がしたいときは、[コピーソース]パネルで行います。
コピーした画像を、指定の角度で回転させたり、反転させたりして描画する設定ができます。

基本操作や表現方法を学べる実践チュートリアル

実践チュートリアルとは、Photoshopでの写真加工やツールの使い方を、目的別に手順を追って説明してくれる機能です。

世界中の優れたクリエーターやフォトグラファーが、チュートリアルを提供しています。

必要な素材画像も提供されているので、気になるチュートリアルをすぐに始めることができます。

❶画面の右上にある[**虫眼鏡**]アイコンをクリックします。

❷[**もっと知る**]画面が開いたら、❸[**実践チュートリアル**]をクリックします。

> [もっと知る]には[実践チュートリアル]の他にも、新機能やクイックアクションの説明などもあります。

実践チュートリアルはデザインの技術や、合成、ペイントなど、細かいジャンルに分かれています。興味のある❹ジャンル→❺項目をクリックして選びましょう。

❻[**チュートリアルを開始**]をクリックすると、チュートリアルが始まります。

あとは手順に従って進めていきましょう！

 本書の学習が終わったら、「基本操作の復習」や「新たな表現方法の学習」として使ってみましょう！

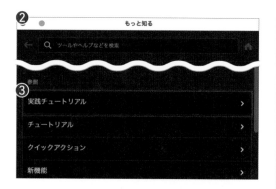

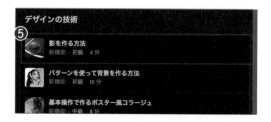

MISSION
07

—

実際に作ってみよう
（写真加工編）

[塗りつぶし]の[コンテンツに応じる]を使った写真加工

被写体に重なる金網を消そう

オウムに重なっている金網を削除し、初めから金網がなかったかのように加工します。

Before

After

[**塗りつぶし**]の[**コンテンツに応じる**]を
使うと、簡単に違和感なく
金網を削除することができます。

SAMPLE DATA
7-1

レイヤーを複製する

1 練習用データ「**7_1.psd**」を開いてください。

[**レイヤー**]パネルで❶「**背景**」レイヤーを
複製し、❷下のレイヤーを非表示にします。

複製は option (alt)キーを押しながらドラッ
グします。
加工前の画像を残しておくためにレイヤー複
製しています。

選択範囲を作成する

1 ［**ブラシツール**］を選択します。

オプションバーでブラシの設定を下記の通りにします。

❷［**直径**］：「**35**」px
❸［**硬さ**］：「**100**」%

ツールバーの下の方にある❹［**クイックマスクモードで編集**］をクリックします。

2 金網をブラシで描画していきます。

 ❺一点をクリックした後に、❻ shift キーを押しながらもう一点をクリックすると、2点間（❺と❻間）を直線で繋ぐことができます

 上手く描画できなかったときは、⌘（ ctrl ）＋ Z でやり直しましょう。

▼

［クイックマスクモード］は、選択範囲を色の濃さで表示できる機能です。
［クイックマスクモード］中にブラシで描画した部分（下図左）は、後から選択範囲に変換することができます（下図右）。

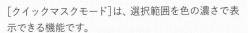
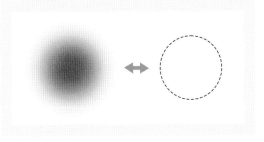

MISSION

01
02
03
04
05
06
07
08
09

3 金網をすべて塗りつぶすことができたら、もう一度❼[**クイックマスクモードで編集**]をクリックします。

これで選択範囲が作成されます。
選択範囲は、描画していない場所が選択範囲内として作られるので、描画した部分の金網を選択範囲内にしたい場合は、選択範囲を反転する必要があります。

4 メニューの[**選択範囲**]➡[**選択範囲を反転**]をクリックします。

選択範囲が反転します。

[**選択範囲を反転**]のショートカットは、⌘（ctrl）＋ shift ＋ I（アイ）です。

選択範囲を塗りつぶす

1 メニューの[**編集**]➡[**塗りつぶし**]を選択します。

[**塗りつぶし**]画面が表示されるので、❶[**内容**]を[**コンテンツに応じる**]にして[**OK**]をクリックします。

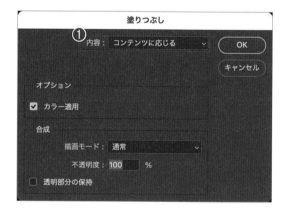

2 塗りつぶしが適用されるので、⌘（ctrl）＋Dで選択範囲を解除します。

オウムに重なっていた金網を消すことができました！

モニターの"乱れ"を表現した画像加工

写真をグリッチ加工しよう

グリッチとは、テレビなどの映像にバグが起きたときに見られる画面の乱れのことです。
グリッチ加工とはその乱れを意図的に表現する加工方法です。

Before

After

カラー写真をモノクロに変換してから、
加工していきます。

SAMPLE DATA
7-2

画像をモノクロにする

1 練習用データ「7_2.psd」を開いてください。

[**レイヤー**]パネルで、❶調整レイヤーの
[**色相・彩度**]をクリックします。

❷[**色相・彩度**]調整レイヤーが作成されます。

2 ［**プロパティ**］パネルで❸［**彩度**］を「-100」
にします。

画像がモノクロになります。

クリッピングマスクを作成し
レイヤーを複製する

作成した調整パネルが下の画像にだけ適用され
るように、クリッピングマスクにします。

1 ［**レイヤー**］パネルで、❶［**色相・彩度**］調整
レイヤーを右クリックし、［**クリッピングマ
スクを作成**］をクリックします。

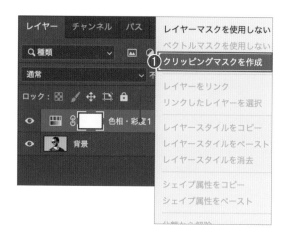

2 ❷2つのレイヤーを選択した状態で、
option（ alt ）キーを押しながら図の位置
までドラッグします。

2つ以上のレイヤーを選択するときは、2つ目
以降のレイヤーは、⌘（ ctrl ）キーを押し
ながらクリックします。
レイヤーを選択するとき、レイヤー名または
その右側をクリックします。サムネールをク
リックしないように注意してください。

2つのレイヤーがまとめて複製されます。

レイヤースタイルのチャンネルを調整する

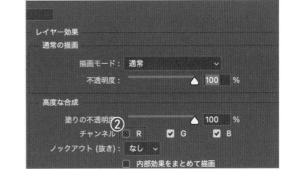

1 ❶複製した画像レイヤーの右側をダブルクリックし、[**レイヤースタイル**]画面を開きます。

2 [**高度な合成**]にある[**チャンネル**]の❷[R]のチェックを外します。

[**OK**]をクリックして閉じます。

3 [**移動**]ツールを選択し、チャンネルを調整したレイヤー画像を矢印（←）キーで左にずらしていきましょう。

グリッチ加工ができました！

[**レイヤースタイル**]画面の[**チャンネル**]はチェックを外した色を、画像全体の色から取り除きます。ここでは[R]（赤）を取り除き、[G]（緑）と[B]（青）だけで表現された状態になります。

「色相・彩度1のコピー」レイヤーと「背景のコピー」レイヤーだけを表示させて確認しています。

[レイヤースタイル]画面の[チャンネル]で[R][G][B]のチェックを変えると、別のカラーを表現できます。下図は、[G]だけチェックを外しています。

消点を使った、遠近感のある合成方法

地面に文字を合成しよう

道路の画像に文字を合成する方法を学びます。

写真の遠近感（パース）に合わせて加工するため、フィルターの［消点］を使います。

フィルターの［消点］を使うと、遠近感のある
モチーフに対し、正しい遠近感で文字や画像を
合成することができます。

SAMPLE DATA
7-3

文字を用意する

1 練習用データ「**7_3.psd**」を開いてください。

❶［**横書き文字ツール**］を選択し
ます。

次の設定で、**❷**「**GO**」と入力します。

［**フォント**］：［**Oswald**］
［**スタイル（太さ）**］：［**Bold**］
［**サイズ**］：「**220**」px
［**カラー**］：白

「Oswald」はAdobe Fontsでアクティベート
できます（Adobe Fontsの詳細はP.242参照）。

2 文字レイヤーを option （ alt ）キーを押しな
がら上にドラッグし、❸複製します。

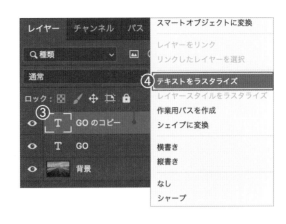

❸複製した文字レイヤーを選択した状態
で、右クリックして❹[**テキストをラスタラ
イズ**]をクリックします。

文字がラスタライズされます。

 ラスタライズすると、画像に変換されるので
文字の再編集はできません。
文字を修正したいときは、複製元の文字レイ
ヤーを編集し、もう一度複製とラスタライズ
の工程を行いましょう。

3 ⌘ （ ctrl ）+ A キーを押して、ラスタライ
ズした文字レイヤーを全選択します。

次に ⌘ （ ctrl ）+ C キーでコピーしておき
ます。

 コピーした文字は、次の工程で使用します。

[消点]フィルターで文字を変形する

[消点]で「面」を作成する

1 [**レイヤー**]パネルで、❶新規レイヤーを作
成します。名前はわかりやすいよう「**文字
合成**」とします。

❷2つの文字レイヤーを非表示にしておき
ます。

「**文字合成**」レイヤーを選択した状態で、メ
ニューの[**フィルター**]➡[**消点**]をクリック
します。

[**消点**]画面が開くので、左側の
ツールから❸[**面作成ツール**]を
選択します。

道路の線に合わせて、❹クリックで4つ指
定し、面を作成します。
この段階ではざっくりでかまいません。

面のガイド線は、正しい遠近感を指定できていると
きは青色になります。
黄色は正しくないけど許容範囲で、赤になると修正
が必要になります。
右図は赤く表示されているので、修正が必要です。

3 ⑤[**面修正ツール**]を選択します。 ⑤

ハンドルをドラッグして道路の線に合わせた位置に整えます。

必要に応じて、⌘（ctrl）+ space キーで拡大表示させて位置を合わせます。

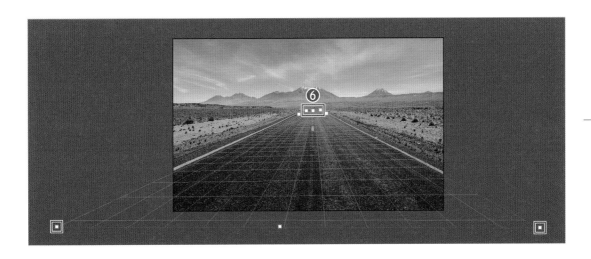

文字を面に貼り付ける

1 面が作成できたら、❶コピーしておいた文字の画像を⌘（ctrl）+ V キーで貼りつけます。

❷貼り付けた画像の位置を、ドラッグで調整します。

位置が調整できたら[**消点**]画面の[**OK**]をクリックします。

⌘（ctrl）+ T キーを押すと、バウンディングボックスが表示され、サイズを変更することができます。

▼

文字を道路に馴染ませる

作成した文字を道路に馴染ませていきます。

1 ［**レイヤー**］パネルで、❶「**文字合成**」レイヤーの右側をダブルクリックします。

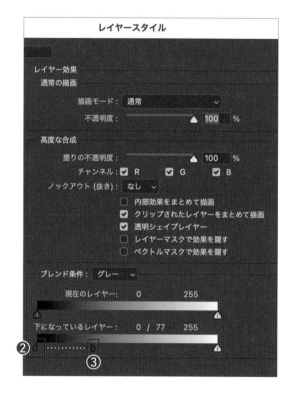

　　［**レイヤースタイル**］の画面が開きます。

2 ［**レイヤー効果**］の［**ブレンド条件**］で、［**下になっているレイヤー**］のスライダーを調整します。

----

　　❷左側の黒のスライダーを、 option （ alt ）キーを押しながら右にドラッグし、スライダーを分割します。

　　プレビュー画面を見ながら、❸ちょうどいい位置まで移動させたら［**OK**］をクリックします。

　　ブレンド条件は、「明るい所」または「暗い所」を差し引くことができる機能です。
　　質感を馴染ませる合成をするときによく使われます。

- - - - - - - - - - - - - - - - - -

道路に文字を合成することができました！

背景を自然にぼかして被写体を目立たせる画像加工

画像の背景だけをぼかそう

背景をぼかして被写体を目立たせる方法を学びます。
ブランコに乗っている子供が目立つように、後ろの景色をぼかします。

Before

After

一眼レフで撮影したような、手前の被写体に
ピントを合わせた状態に加工します。

SAMPLE DATA
7-4

子供の画像を切り抜く

1 練習用データ「7_4.psd」を開いてください。

[**レイヤー**]パネルで、「**背景**」レイヤーを2
つ複製します。

わかりやすいように、名前を上から「**切り抜
き**」「**ぼかし**」「**元画像**」としています。

一番上の「**切り抜き**」レイヤーを選択しま
す。

2 ❶[**オブジェクト選択ツール**]を
選択します。

❷子供とブランコをドラッグで囲みます。

❸選択範囲が作成されます。

3 ❹[**クイック選択ツール**]を選択
します。

鎖部分の細かい選択範囲を調整します。
❺ option (alt)キーを押しながら鎖の中
の部分をドラッグし、選択範囲から鎖の中
の部分をマイナスします。

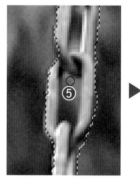
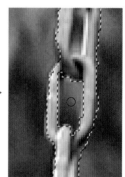

❻鎖部分の選択範囲が外れてしまったら、
キーを押さずにドラッグして、追加選択し
ます。

今回は[**オブジェクト選択ツール**]と[**クイッ
ク選択ツール**]を使って選択範囲を作りまし
たが、[**ペンツール**]や[**被写体を選択**]など、
他の作成方法でもかまいません。

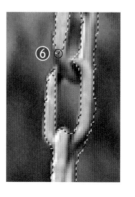

4 選択範囲ができたら、[**レイヤー**]パネルの
⑦[**レイヤーマスクを追加**]をクリックし、
子供だけが表示される状態にします。

「切り抜き」レイヤーだけを表示させて確認しています。

背景を塗りつぶす

1 **❶**「**切り抜き**」レイヤーを非表示にし、**❷**「**ぼ
かし**」レイヤーを表示させて選択します。

❸「**切り抜き**」レイヤーのレイヤーマスクの
サムネイルを、⌘（ctrl）キーを押しなが
らクリックします。

これにより、子供の形の選択範囲が作成されま
す。

2 選択範囲ができたら、メニューの[**選択範
囲**]➡[**選択範囲を変更**]➡**❹**[**拡張**]をク
リックします。

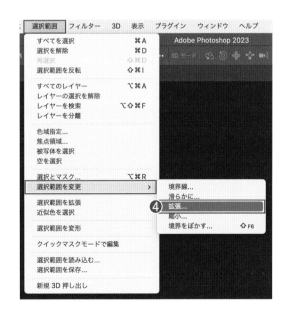

3 ［**選択範囲を拡張**］画面が表示されるので、
❺［**拡張量**］を「**3**」pixelにして［**OK**］をク
リックします。

選択範囲が「3」pixl拡張しました。

拡張前 　　　　　　　　　　　拡張後

4 メニューの［**編集**］➡［**塗りつぶし**］をク
リックします。

［**塗りつぶし**］画面が表示されるので、❻
［**内容**］を［**コンテンツに応じる**］にして
［**OK**］をクリックします。

これで子供がいた部分を、自然に塗りつぶすこ
とができました。

5 ⌘（ctrl）＋Dキーを押して選択範囲を
解除します。

塗りつぶした部分は、最終的に子供の切り抜
き画像が重なるので、多少不自然な箇所が
あっても大丈夫です。
この工程をせずに背景をぼかすと、被写体と
背景の境界線が不自然になってしまいます。

背景をぼかす

1 「ぼかし」レイヤーを選択した状態で、メ
ニューの［**フィルター**］➡［**ぼかし**］➡［**ぼか
し（ガウス）**］をクリックします。

［**ぼかし（ガウス）**］画面が表示されるので、
❶［**半径**］を「**10**」pixelにして［**OK**］をクリッ
クします。

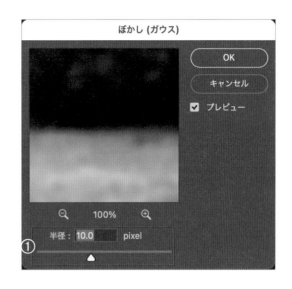

2 最後に［**レイヤー**］パネルで、非表示にして
いた❷「**切り抜き**」レイヤーを表示させま
す。

背景ぼかして被写体を目立たせることができま
した！

人物の顔をレタッチしよう

「人物の顔」を加工する次の3つの方法を学びます。

● ［ゆがみ］フィルターを使った「輪郭と顔のパーツの補正」方法

● ［ニューラルフィルター］を使った「肌をキレイにする」方法

● ベタ塗りレイヤーで「唇の色を鮮やかにする」方法

Before

After

Photoshopの便利な機能を組み合わせて、
人物の顔を違和感なくレタッチしていきます。

SAMPLE DATA
7-5

画像レイヤーを
スマートオブジェクトにする

1 練習用データ「**7_5.psd**」を開いてください。

　［**レイヤー**］パネルで、「**女性**」レイヤーを右
クリックし、❶［**スマートオブジェクトに
変換**］をクリックします。

スマートオブジェクトに変換しておくと、フィ
ルターを非表示にしたり、後から再調整した
るすることができます。

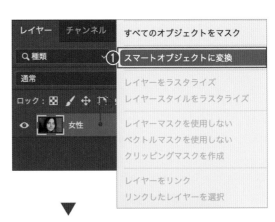

［ゆがみ］フィルターで
顔の輪郭とパーツを補正する

1 「**女性**」レイヤーを選択した状態で、メニューの［**フィルター**］➡［**ゆがみ**］をクリックします。

［**ゆがみ**］画面が開くので、❶［**顔ツール**］を選択します。

［**ゆがみ**］画面では、始めに「顎の輪郭」「顎の高さ」「顔の幅」の3つを補正します。

2 ❷❸❹補正したい場所付近にマウスポインタを移動すると、ガイドが表示されるので、変形させたい方向にドラッグします。

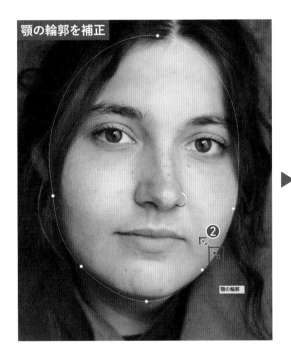

顎の輪郭を補正

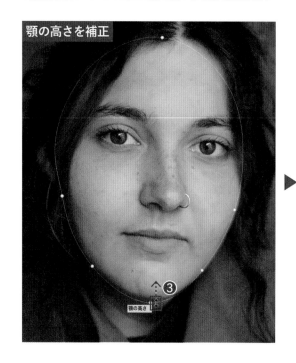

顎の高さを補正

③ 顎の高さ

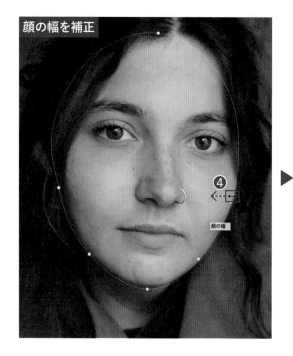

顔の幅を補正

④ 顔の幅

次に目を少し大きくします。

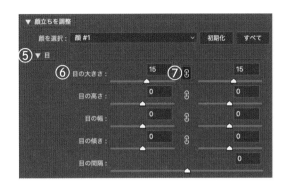

3 右側の［**顔立ちを調整**］で❺［**目**］を開き、❻［**目の大きさ**］の左右の数値を「**15**」にします。

❼真ん中のリンクボタンをクリックすると、片方に入力した数値がもう片方にも反映されます。

［目の大きさ］の補正前　▶　［目の大きさ］の補正後

4 調整が終わったら［**OK**］をクリックして、［**ゆがみ**］フィルターを終了します。

再調整したいときは、［**レイヤー**］パネルで［**スマートフィルター**］の❽［**ゆがみ**］をダブルクリックしましょう。

［ニューラルフィルター］フィルターで肌を滑らかにする

1 「**女性**」レイヤーを選択した状態で、メニューの［**フィルター**］➡［**ニューラルフィルター**］をクリックします。

［**ニューラルフィルター**］画面が開くので、❶［**肌をスムーズに**］をオンにします。

2 ［ぼかし］を「60」、［滑らかさ］を「＋10」に
します。

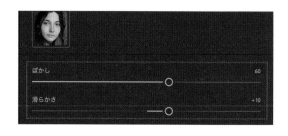

［**OK**］をクリックします。

肌を滑らかにすることができました。

補正前

補正後

［スポット修復ブラシツール］で
ピアスとシミを消す

1 ❶［**スポット修復ブラシツール**］
を選択します。

オプションバーの❷［**種類**］で［**コンテンツ
に応じる**］を選択し、❸［**全レイヤーを対
象**］にチェックを入れます。

2 ［**レイヤー**］パネルで、❹新規レイヤーを作
成します。名前は「**レタッチ**」とします。

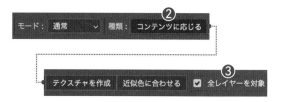

まずは鼻のピアスを消します。

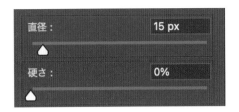

3 ブラシの［直径］を、ピアスの幅より少し大きくします。ここでは「15」pxとします。［硬さ］は「0」%にします。

ピアスに合わせて描画すると、ピアスを消すことができます。

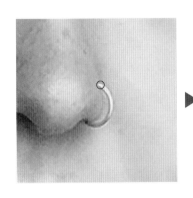 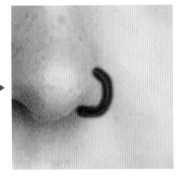 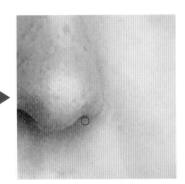

4 同じようにシミや肌荒れ部分を消します。

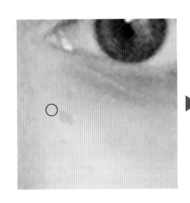 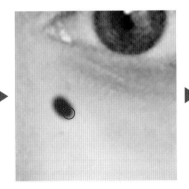 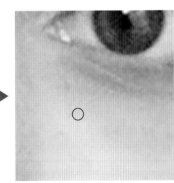

小さなシミも、ブラシサイズを小さくして根気よく消しましょう。

ピアスとシミを消すことができました。

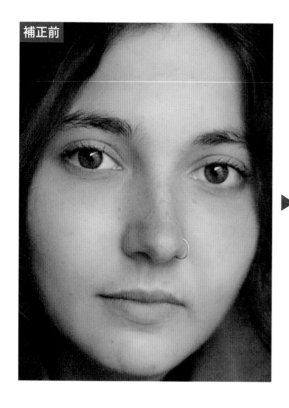

補正前

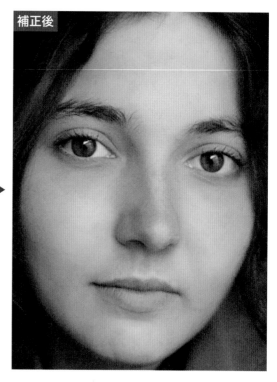

補正後

ベタ塗りレイヤーで
唇の色を鮮やかにする

1 「**女性**」レイヤーを選択した状態
で、❶［**クイック選択ツール**］を
選択します。

❷ドラッグでなぞるように唇の選択範囲を
作成します。

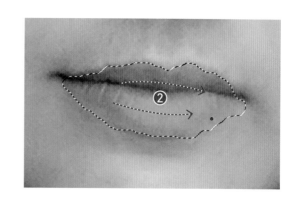

選択範囲をマイナスしたいときは、
option （ alt ）キーを押しながらド
ラッグします。

2 選択範囲ができたら、[**レイヤー**]パネルで
「**女性**」レイヤーを選択してから、❸「**ベタ
塗りレイヤー**」を作成します。

3 [**カラーピッカー**]が開くので、色を薄めの
赤にし、[**OK**]をクリックします。
ここでは「**#ff5656**」としています。

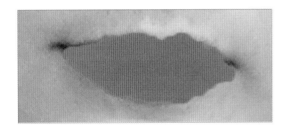

4 [**レイヤー**]パネルで、「**ベタ塗りレイヤー**」
の❹[**描画**]モードを[**乗算**]にし、❺[**不透
明度**]を「**30**」〜「**25**」%程度にします。

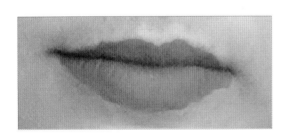

5 ［**レイヤー**］パネルで、「**ベタ塗りレイヤー**」の❻レイヤーマスクサムネールをクリックして選択します。

6 ［**プロパティ**］パネルで、❼［**ぼかし**］をかけます。ここでは「**10**」pxとしています。

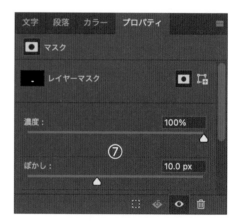

唇の境界線がぼやけて、自然な仕上がりになります。

 ▶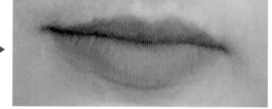

人物の顔を加工することができました！

MISSION /08

—

実際に作ってみよう
（デザイン編）

YouTubeのサムネイル画像を作ろう

YouTubeのサムネイル画像を作る方法を学びます。

「トレンドの秋服」を紹介する動画を仮定し、サンプルと同じ画像を1から作ります。

画像加工（切り抜き）や文字入力など、
Photoshopならではの機能を使った作例です。
復習として試してみましょう。

SAMPLE DATA
8-1

新規ファイルを作成する

1 メニューの［**ファイル**］➡［**新規**］をクリックします。

［**新規ドキュメント**］画面が開くので、下記のように設定します。

❶［**名前**］：「**YouTube**」

❷［**幅**］：「**1280**」「**ピクセル**」

❸［**高さ**］：「**720**」

❹［**解像度**］：「**72**」

❺［**カラーモード**］：［**RGBカラー**］

［**作成**］をクリックすると新規ファイルが作成されます。

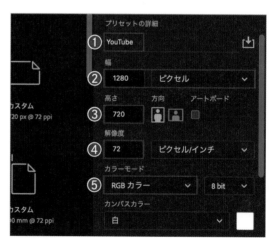

YouTubeのサムネイルは「16：9」の比率で表示されます。
推奨サイズは「1280×720」ピクセルです。

テキストを配置する

1 使用する下記のテキストを、[**横書き文字ツール**]で配置します（[**サイズ**]は目安です）。

- **AUTUMN**（2つに分ける）
  [**サイズ**]：「**140**」pt
- **最新**　　　　　[**サイズ**]：「**150**」pt
- **トレンド秋服**　[**サイズ**]：「**150**」pt
- **今年買うべき**　[**サイズ**]：「**52**」pt
- **秋服はこれ！**　[**サイズ**]：「**52**」pt

フォントは次で修正するので、ここでは現在の設定のままでかまいません。配置する位置や文字サイズは後で修正するので、大体でかまいません。

「AUTUMN」は、「AUT」と「UMN」で分けて配置してください。配置後、[レイヤー]パネルでグループ化しておきます。

2 [**文字**]パネルで、フォントを指定します。

AUTUMN：[**Lust**]、[**Regular**]
それ以外すべて：
　　　　　　[**ヒラギノ明朝 ProN**]、[**W6**]

使用するフォントはすべてAdobe Fontsです。Adobe Fontsの詳細はP.242を参照してください。

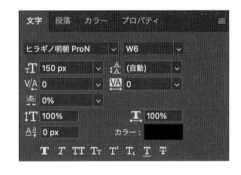

切り抜き画像を配置する

切り抜き画像を作成し、文字を配置したファイルに配置します。

1 練習用データ「**8_1_lady.jpg**」を開きます。

メニューの［**選択範囲**］➡❶［**被写体を選択**］をクリックし、人物の選択範囲を作成します。

2 選択範囲ができたら、［**レイヤー**］パネルの❷［**レイヤーマスクを追加**］をクリックします。

レイヤー名を分かりやすいように❸「**女性**」に変更しておきます。

3 「**女性**」レイヤーを❹「**YouTubeファイル**」タブまでドラッグして重ね（ドロップしない）、表示ファイルが切り替わったら❺アートボード上でドロップします。

「女性」レイヤーの画像が「YouTubeファイル」に配置されます。配置された画像の大きさを調整する前にスマートオブジェクトに変換します。

4 ［**レイヤー**］パネルで❻「**女性**」レイヤーを右クリックし、スマートオブジェクトに変換します。

5 「**女性**」レイヤーの画像を、少し小さくします。

［移動ツール］で［バウンディングボックスを表示］にチェックを入れていれば、［移動ツール］で変形できます。
コーナーポイントのドラッグで変形するとき、縦横比が変わってしまう場合は、［ shift ］キーを押しながら変形してください。
またはメニューの［編集］→［自由変形］（ショートカット＝［ ⌘ ］（［ ctrl ］）＋［ T ］キー）を使って変形します。

背景のグラデーションを作成する

レイヤースタイルを使って、背景のグラデーションを作成します。

1 [**レイヤー**]パネルで❶「**背景**」レイヤーのロックマークをクリックして解除します。

2 レイヤー名を❷「**背景**」に戻し、❸レイヤー右横をダブルクリックして[**レイヤースタイル**]画面を開きます。

3 [**レイヤースタイル**]画面左の[**スタイル**]で、❹[**グラデーションオーバーレイ**]にチェックを入れて、❺下記の設定をします。

[**描画モード**]：[**通常**]
[**不透明度**]：「**100**」%
[**スタイル**]：[**線形**]
[**シェイプ内で作成**]：チェックを入れる
[**角度**]：「**70**」°

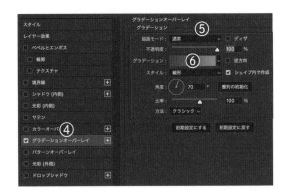

4 ❻[**グラデーション**]のプレビューをクリックして[**グラデーションエディター**]を開き、グラデーションを次のように設定します。

❼[**左**]：「**#aa5926**」
❽[**右**]：「**#f2a02a**」

設定できたら、[**グラデーションエディター**]、[**レイヤースタイル**]画面と順に[**OK**]をクリックします。

レイアウトと文字を調整する

全体のレイアウトや色を調整します。

1 ［**レイヤー**］パネルで、レイヤーの順番を図
の順番にします。

2 ［**文字**］パネルから、文字色をすべて「**白**」に
します。

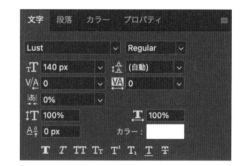

3 文字の大きさと配置を、参考画像を見なが
ら調整します。

 「トレンド」の部分は**❶**カタカナの文字間が
広く空いてしまうので、カーニングで間隔を
調整します。
文字と文字の間にカーソルを合わせ、 option
（ alt ）を押しながら左右の矢印キーで調整し
ます。

4 「**今年買うべき**」「**秋服はこれ！**」この2つ文字の下に、［**長方形ツール**］で黒の長方形を配置します。

文字色を背景に近い色に変更します。

5 ［**レイヤー**］パネルで、「**今年買うべき**」「**秋服はこれ！**」の2つの文字レイヤーを選択した状態で、［**文字**］パネルで［**カラー**］をクリックして［**カラーピッカー**］を開きます。

❷画像上にマウスポインターを動かすと、ポインターがスポイトになるので、クリックして背景のグラデーションの色を拾います。

文字色が背景に近い色に変更されました。

6 ［**レイヤー**］パネルで、「**今年買うべき**」と「**秋服はこれ！**」の文字レイヤー、2つの長方形のレイヤー選択して、グループ化します。

7 ［**レイヤー**］パネルで「**今年買うべき秋服は
これ！**」グループを選択し、左に少し傾か
せます。

［**移動ツール**］のバウンディングボックス、ま
たはメニューの［**編集**］➡［**自由変形**］や［**編
集**］➡［**回転**］を使って回転します。

8 最後に、［**レイヤー**］パネルで「**AUTUMN**」
グループの［**描画モード**］を［**ソフトライト**］
に変更します。

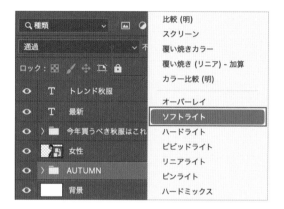

YouTubeのサムネイル画像を作ることができま
した！
必要に応じて、PSD形式で保存しておきましょ
う。

JPEG形式に書き出す

最後に作った画像を書き出しましょう。

1 メニューの［**ファイル**］➡［**書き出し**］➡
［**Web用に保存**］をクリックします。

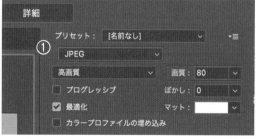

［**Web用に保存**］画面が開くので、形式を
❶［**JPEG**］にして書き出します。❷［**画質**］
は「**70**」～「**90**」程度がおすすめです。

YouTubeのサムネイル画像はweb上で表示
されるので、今回は［**Web用に保存**］を使っ
て書き出しています。

MISSION

01

02

03

04

05

06

07

08

09

架空の恋愛映画のポスター

映画ポスター風デザインを作ろう

2枚の画像を合成して、映画ポスター風のデザインを作る方法を学びます。
A4サイズを想定して作成します。

Before

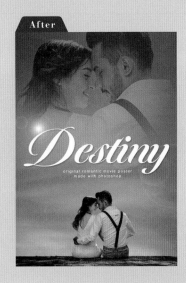
After

Photoshopならではの機能をたくさん使った
作例です。ぜひ試してください。
色やフォントなど自由に変更してみましょう。

SAMPLE DATA
8-2

新規ファイルを作成する

1 メニューの[**ファイル**]➡[**新規**]をクリック
します。

[**新規ドキュメント**]画面が開くので、❶
[**印刷**]タブをクリックし、❷[**A4**]をクリッ
クします。右側の[**プリセットの詳細**]で[**名
前**]に「poster」と入力します。

[**作成**]をクリックすると新規ファイルが作
成されます。

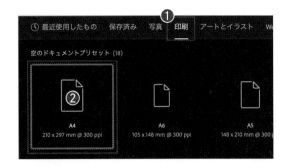
❶ 最近使用したもの　保存済み　写真　印刷　アートとイラスト　We
空のドキュメントプリセット (18)
❷
A4
210 x 297 mm @ 300 ppi
A6
105 x 148 mm @ 300 ppi
A5
148 x 210 mm @ 300 p

❷[**A4**]をクリックすると、右側の[**プリセッ
トの詳細**]では、[**幅**]:「210」[**ミリメートル**]、
[**高さ**]:「297」、[**解像度**]:「300」、[**カラー
モード**]:「**RGBカラー**」と設定されます。

背景画像を配置する

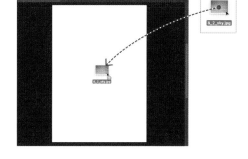

1 練習用ファイル「**8_2_sky.jpg**」をアート
ボードまでドラッグし、〔 enter 〕キーで配置
を確定します。

2 配置できたら画像の上下をアートボードの
端まで引き伸ばします。

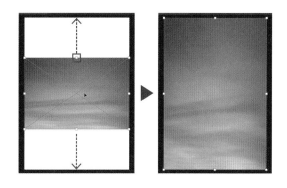

人物を切り抜く

「Poster」と合わせて2つのファイルが開いています。

1 ❶練習用ファイル「**8_2_couple.jpg**」を
開きます。

画像レイヤーを選択した状態で、メニュー
の[**選択範囲**]➡[**被写体を選択**]をクリッ
クします。

人物の選択範囲が作成されます。

人物の選択範囲を拡大表示して確認しま
す。

2 ［**クイック選択ツール**］に切り替え、顔の部分をズームします。

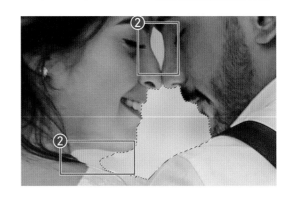

❷上手く選択できていない部分を、[option]（[alt]）キーを押しながらなぞるようにドラッグします（選択範囲の削減）。

❸選択範囲を削減しすぎてしまった部分は、[option]（[alt]）キーを押さずにそのままドラッグして、選択範囲を追加します。

選択範囲の修正ができたら、選択範囲を少し小さくし、さらにぼかします。これで、合成したときに輪郭の白いフチを目立たなくできます。

3 メニューの［**選択範囲**］➡［**選択範囲を変更**］➡❹［**縮小**］をクリックします。

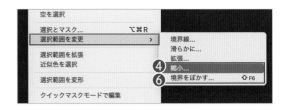

❺「2」pixelと入力し［**OK**］をクリックします。

これで2ピクセル分選択範囲を小さくすることができました。

メニューの［**選択範囲**］➡［**選択範囲を変更**］➡❻［**境界線をぼかす**］をクリックします。

❼「2」pixelと入力し、［**OK**］をクリックします。

見た目ではわかりづらいですが、これで2ピクセル分選択範囲をぼかすことができました。

4 ［**オブジェクト選択ツール**］に切り替え、❽座っている木の板を[shift]キーを押しながらドラッグで囲んで選択します。

これで2人の男女と板部分の選択範囲ができました。

5 ［レイヤー］パネルの❾［**レイヤーマスクを作成**］をクリックします。

2人の男女と板部分を切り抜くことができました。

切り抜き画像を配置する

1 切り抜いた画像レイヤーを、「poster. psd」タブまでドラッグして重ね（ドロップしない）、表示ファイルが切り替わったらアートボード上でドロップして配置します。

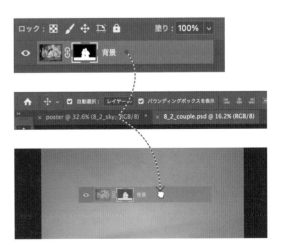

2 配置できたら、アートボードの幅に合わせて比率を保ったまま縮小し、下に移動します。

分かりやすいようにレイヤー名を「男女1」に変更しておきましょう。

3 「8_2_couple.psd」ファイルに戻り、切り抜いた画像レイヤーを、もう一度 **1**（前ページ）と同様の操作で配置します。

画像の位置を**1**を参考にして調整します。

［**レイヤー**］パネルでレイヤー名を「**男女2**」に変更し、**❷**［**描画モード**］を［**ソフトライト**］に変更します。

4 **❸**「**男女2**」レイヤーを、「**男女1**」レイヤーの真下に移動します。

MISSION 08 | 実際に作ってみよう（デザイン編）

背景の切り抜き画像に
マスクをかける

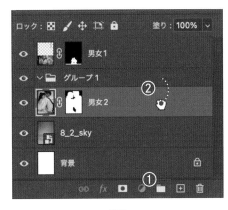

1 [**レイヤー**]パネルで❶[**新規グループを作成**]をクリックし、グループを作成します。

グループ名は「**背景の男女**」にします。

❷「**男女2**」レイヤーを「**背景の男女**」グループに重なるまでドラッグし、グループ内に移動します。

2 「**背景の男女**」グループを選択した状態で、❸[**レイヤーマスクを追加**]をクリックします。

元の画像に掛けたマスクは残しつつ、別のマスクを上から適用したいので、グループにマスクを作成しています。

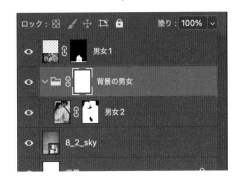

3 「**背景の男女**」グループを選択した状態で、[**ブラシツール**]に切り替え、下記の通り設定します。

[**直径**]：「**2000**」px程度
[**硬さ**]：「**0**」%
[**描画色**]：黒

4 画像の下と左右がうっすら消えるように、上弦の形に描画します。

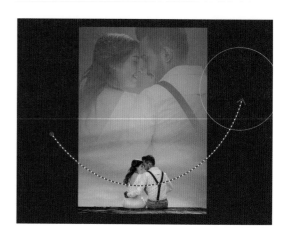

画像の下側を半円のようにドラッグすると、ドラッグした部分の「背景の男女」グループの画像が消えます。何度かドラッグして、うっすら消えていくようにしましょう。

レイヤーマスクだけを表示させると図のようになります。
[レイヤー]パネルのレイヤーマスクサムネールを、option (alt) キーを押しながらクリックすると表示できます。再度option (alt) キーを押しながらクリックすると、画像表示に戻ります。

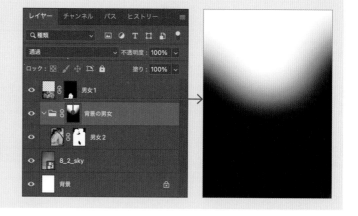

切り抜き画像を背景の空に馴染ませることができました。

文字を配置する

1 ［**横書き文字ツール**］に切り替え、2つのテキストを中央付近に配置します。

● Destiny
［**フォント**］：［**Tangier**］、［**Bold**］
［**サイズ**］　：「**756**」px

● original romantic movie poster made in photoshop
［**フォント**］：［**Nimbus Sans**］、［**Regular**］
［**サイズ**］　：「**60**」px
［**トラッキング**］：「**150**」

 使用するフォントはすべてAdobe Fontsです。Adobe Fontsの使用方法はP.242を参照してください。

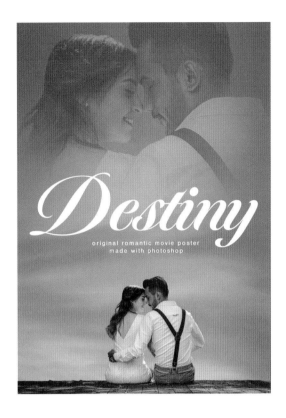

タイトルの「Destiny」の文字に影をつけます。

2 ［**レイヤー**］パネルから、❶「**Destiny**」の文字レイヤーの右をダブルクリックし、［**レイヤースタイル**］画面を開きます。

3 ［**レイヤースタイル**］画面の左側から❷［**ドロップシャドウ**］をクリックして選択します。

4 [ドロップシャドウ]を下記の設定にします。

[描画モード]：[乗算]
[カラー]：黒
[不透明度]：「25」%
[角度]：「125」°
[距離]：「17」px
[サイズ]：「17」px

[OK]をクリックすると[ドロップシャド
ウ]が適用されます。

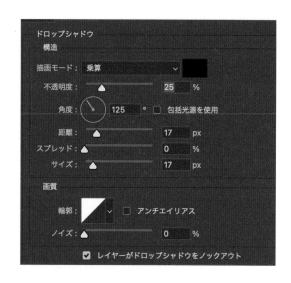

5 2つの文字レイヤーをグループ化しておき
ます。

全体に光を足す

1 [レイヤー]パネルで、一番上に新規レイ
ヤーを作成します。レイヤー名は「光」とし
ます。

2 [描画色]を黒にし、メニューの[編集]➡[塗
りつぶし]をクリックします。

[塗りつぶし]画面で[内容]を[描画色]に
します。

[OK]をクリックすると、レイヤーが黒で
塗りつぶされます。

3 メニューの［**フィルター**］➡［**描画**］➡［**逆光**］をクリックします。

［**逆光**］画面が開きます。❶［**レンズの種類**］を［**50-300mmズーム**］にし、❷プレビュー画面から光の中心をドラッグで図と同じ位置に移動します。

［**OK**］をクリックすると、光が描画されます。

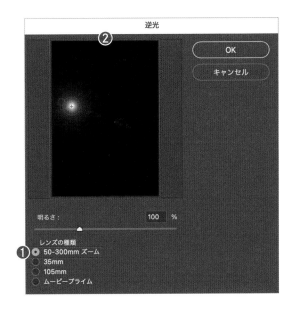

4 ［**レイヤー**］パネルで［**描画モード**］を［**スクリーン**］にし、位置を調整します。

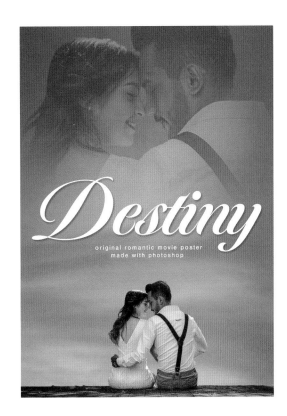

全体の色を調整する

1 ［**レイヤー**］パネルで、背景の空の「8_2_
sky」レイヤーを一番上に1つ複製します。

「**8_2_sky のコピー**」レイヤーの［**描画モー
ド**］を［**カラー**］、［**不透明度**］を「**30**」%にし
ます。

これで切り抜き画像を背景の空に馴染ませるこ
とができました。

映画ポスター風のデザインを作ることができま
した！

印刷物は［**CMYK**］モード］で制作しますが、
今回は［**RGBモード**］でしか使えない機能を
使うのと、実際に印刷するのではなく、ポス
ター風のデザインを作る趣旨なので［**RGBカ
ラー**］で作成しています。

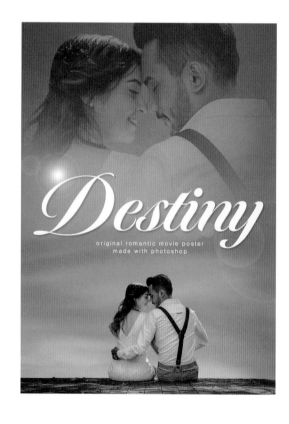

MISSION
09

-

便利な機能の紹介

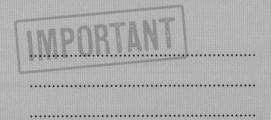

MISSION 09/01 | Adobe Fonts

「Adobe Fonts」とは、20,000以上の高品質なフォントを使うことができるサービスです。
すべてのCreative Cloudプランに含まれているので、
CCユーザーであれば追加料金なしで利用できます。

使用できるフォントの数は無制限なので、
フォントを探すときは
まずチェックしてみるといいですよ。

Adobe Fons
https://fonts.adobe.com/

Adobe Fontsでフォントを探す

1 Adobe Fontsにアクセスします。

❶[**すべてのフォント**]をクリックすると、
❷左側に検索項目が表示されるので、好みの項目を指定します。

❸[**サンプルテキスト**]に文字を入力すると、指定の文字でフォントを確認できます。

フォントをアクティベートする

追加したいフォントが決まったら、アクティベートして使えるようにします。

1 ファミリーを含むすべてをアクティベートする場合は❶を、個別にアクティベートする場合は❷〜❹をクリックしてオンにします。

太さやスタイルの異なる「ファミリー」があるフォントもあります。

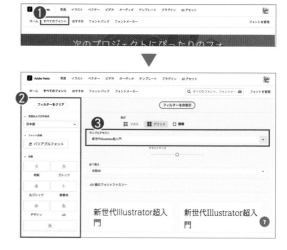

アクティベートしたフォントはPhotoshopや他のアプリケーションソフトで使えるようになります。

MISSION 09/02 | Adobe Stock

「Adobe Stock」とは、Adobe社が提供するストック素材サービスのことです。
写真やイラスト、ビデオ、3D素材、テンプレートなど、
クリエイティブに役立つさまざまなデータが提供されています。

提供されている素材は、
有料・無料さまざまあります。

Adobe Stock
https://stock.adobe.com/jp

Adobe Stockで素材を探す

1 Adobe Stockにアクセスします。

❶[**写真**]をクリックすると、人気のキーワードなどが表示されます。❷にキーワードを入れて検索することもできます。

テンプレートを探す

デザインをゼロから作るのは大変ですが、テンプレートを活用すると作業の時短になります。

1 ❶または❷をクリックして、[**テンプレート**]をクリックします。❸にキーワードを入れて検索します。

❹[フィルターを表示]([フィルターを非表示])をクリックすると、❺Photoshop形式だけを検索対象にすることができます。

Creative Cloudの
アプリケーション

Creative Cloudのコンプリートプランで契約している方は、
Photoshop以外のクリエイティブツールも使用することができます。

Creative Cloudのサービスは、
デスクトップ（Mac：メニューバー右端、Win：タスクバー）に
表示されている[**Creative Cloud**]アイコンから確認できます。

使用可能なアプリケーションを
確認する

1 デスクトップ（Mac：メニューバー右、Win：タスクバー）に表示されている❶[**Creative Cloud**]アイコンをクリックして、CCアプリを起動します。

[**アプリ**]タブが表示されていない場合は、❷をクリックします。

❸[**アップデート**]では、インストール済みのアプリでアップデートがあるものは、右側の一覧にアプリ名が表示されます。必要に応じてアップデートしましょう。

2 ❹[**すべてのアプリ**]をクリックすると、インストール済みのアプリと利用可能なアプリが表示されます。

クラウドストレージを活用する

「クラウドストレージ」とは、データを格納するために
インターネット上に設置された場所のことで、オンラインストレージとも呼ばれます。

Creative Cloudユーザーは、
Adobe社が提供しているクラウドストレージを
利用することができるんです。

クラウドストレージの使い方

1 ❶[**Creative Cloud**]アイコンをクリック
して、CCアプリを起動します。❷[**ファイ
ル**]タブをクリックし、❸[**同期フォルダー
を開く**]をクリックします。

❹[**Creative Cloud Files**]が開きます。
ここにファイルやフォルダー等をドラッグ・
アンド・ドロップすることでデータを保存
しておくことができます。

ストレージ空き容量とステータスの
確認

1 ❶CCアプリ画面右上のクラウドアイコン
をクリックすると、❷ストレージの空き容
量とCreative Cloudの同期ステータスが
表示されます。

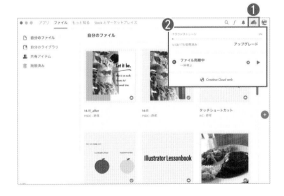

索引

Profile

タマケン Tamaken

1988年生まれ。福岡県出身、神奈川県在住。
Webデザイナー / グラフィックデザイナー
ブログ、YouTube、Twitter、TikTok、Pinterestにて、Photoshopと
illustratorのTIPSを発信。

X(Twitter)：@DesignSpot_Jap
YouTube：@design_spot

新世代 **Photoshop** 超入門

2023年9月8日　初版第1刷発行

著　者　タマケン

カバー・本文デザイン　Power Design Inc.
編集制作　　中嶋 孝徳

発行人　片柳 秀夫
編集人　平松 裕子

発　行　ソシム株式会社
https://www.socym.co.jp/
〒101-0064
東京都千代田区神田猿楽町1-5-15猿楽町SSビル
TEL：03-5217-2400（代表）　FAX：03-5217-2420
印刷・製本 シナノ印刷株式会社

定価はカバーに表示してあります。
落丁・乱丁本は弊社編集部までお送りください。
送料弊社負担にてお取替えいたします。

ISBN978-4-8026-1411-5
©2023 Tamaken
Printed in Japan